U0029445

職場認真 31

簡單說重點

掌握訊息傳達5大重點，
創造無干擾的簡明文案和工作溝通

SIMPLY PUT

Why Clear Messages Win — and How to Design Them

BEN GUTTMANN
班傑明．古特曼——著
龐元媛——譯

獻給史戴芬妮雅（Stephania）

國內、外專家好評

書如其名，簡潔、易懂、實用。如何有效溝通、傳遞想法？讀這本書準沒錯。

——瓦基　「閱讀前哨站」站長

用對方聽得懂的話去告訴他不懂的事是該有的「專業」，能讓對方聽得懂又讓人舒服、開悟是追求的「境界」。要掌握溝通技巧，運用書中精髓，讓職場和生活更勝一籌。無論你是誰，都值得一讀。

——王東明　口語表達專家／企業講師

簡單就是王道，背後是體貼和同理，只要有訊息散播需求的講師或教育者，推薦一讀！

——林怡辰　閱讀推廣人／作家

繁複冗長的發言、文字或是行銷文案除了令人不耐，也無法有效地獲取人們的眼球。簡易、清晰、聚焦、創意的思維往往需要設計。本書教你極簡，內容卻不簡單。

——李崇義　薩提爾模式溝通引導師

在資訊爆炸的時代，如何有效表達、讓客戶有感、宣傳聚焦？本書除了舉例比較優劣性，更提供五個重點與實作練習，讓你學以致用。

——李政憲　教育部師鐸獎得主／「藝數摺學」臉書社團創辦人

在嘈雜的世界中，簡潔的話語會更有力量。本書將教你如何剔除雜訊，專注於核心內容，是現代人必備的溝通工具書。

——林長揚　簡報教練／暢銷作家

其實最容易的記憶，就是將一堆複雜的資訊，簡化成有生命的金句，作者只運用五個重點，就教會大家「簡明為王」。

——李河泉老師　陽明交大EMBA兼任副教授

能夠簡單，就別廢話！正是現代行銷人必須專注的方向。

——劉奶爸　昇捷科技股份有限公司創辦人

《簡單說重點》教我們放大聲音和分享想法的技巧。如何打造我們要傳遞的訊息是成功的基礎，本書教的方法讓我們成為更有影響力的溝通者。

——David Perlmutter　《紐約時報》暢銷書《無麩質飲食，讓你不生病！》作者

《簡單說重點》是所有想更有效溝通的職場人，必讀的成功指引。這本書將會改變你看待事物的角度，並教你打造清晰的訊息。

——Jessalin Lam　Asians in Advertising 共同創辦人

《簡單說重點》讀起來真清爽。幾乎所有我認識的企業家都有一個共通點：從一個非常簡單的概念出發，這個概念既容易理解又可以測量。想要成功，這本書的內容你要銘記在心！

——Ken Rusk　企業家

我一直以來的核心信念，即能夠將複雜的訊息濃縮為簡單的格言，這是說服任何人最好的方式。然而，要怎樣做到呢？班傑明．古特曼的新書《簡單說重點》終於為我們指出了大方向。我們終於有了具體的說明，如何在現實世界中做到極簡，並達到你要的成果。

——Michael Schein　The Hype Handbook 作者

我的團隊和我都被班傑明．古特曼幫我們草擬清晰、有影響力的文案所震驚。現在有了這本《簡單說重點》，班傑明的技巧終於公諸於世了，是一份簡單且直接的指引。

——Dr. Kara Fitzgerald　Younger You 作者

我們生活在極度讓人分心的時代。《簡單說重點》告訴我們如何打造讓大家注意到、聽到的訊息和溝通。

——Dr. Parag Khanna　國際銷暢書《移動力》作者

從豐富的經驗出發，班傑明．古特曼提供經過檢測的實戰技巧，以放大有效溝通最重要的特質：簡單明瞭。以這本書為指引，你將學會如何果決和有效地溝通。強烈推薦《簡單說重點》給所有想抓住重點的人！

——Joel Schwartzberg　Get to the Point 作者

這本書喚醒了企業家、高層主管，以及行銷專家。有了這本書，我們都會成為更好的行銷人員。

——The Content Marketing Institute

要做到簡潔很困難，但作者這本發光發亮和有價值的書，教我們做到了。

——William Ury　《紐約時報》暢銷書《從說服自己開始的哈佛談判力》作者

作者有神祕的能力，能將複雜化為清晰、有重點的溝通。在這本書中，作者協助我們以實用的和有活力的方式，把各種想法連結起來。如果你需要更有效地溝通你的工作，你需要這本書。

——Michael Ventura　Applied Empathy 作者／Sub Rosa 前 CEO

我對作者這本卓越的書的評語也是很簡潔的：很棒的閱讀體驗，買下來，學習它的內容，應用它的方法。就這麼簡單。

——Martin Lindstrom　《紐約時報》暢銷書《小數據獵人》作

目次

導言

聽我說，我完全清楚這有多諷刺。這本書談的是簡明易懂的表達方式，卻寫了兩百多頁。看來我自己給出的建議，自己都做不到，是吧？

這一切的開始，是我想解決在我整個職業生涯，一直想解決的基本問題。我在經營行銷公司的時候，客戶問我這個問題。我在大學教行銷，學生也問我這個問題。

「為何有些訊息有用，有些沒用？」

這個問題很簡單，答案也是名符其實的**簡單**。答案的第一個部分，並不是什麼了不起的大道理。如果你只想知道最簡明易懂的答案，那我就告訴你：簡單的訊息，比複雜的訊息有效。如果你覺得這個答案就夠了，那就可以省點錢，不必為這本書買單了。

但我在研究簡化的過程中，發現一個很有意思的事情。原來簡單的東西，其實沒那麼簡單，真不可思議地不簡單。我們以常理判斷，就能知道**什麼**有用，卻很難知道為何有用。想知道**如何**創造有用的訊息，更是難上加難。

這牽涉到科學，也牽涉到歷史。世上最有魅力的領袖，最懂創新的企業，都有一些訣竅可供我們參考。人人只要善用一些工具，就能運用簡明溝通的力量，建立連結，有效溝通。

所以我們才會在這裡，要以一整本書討論簡明溝通的技巧。這就開始吧。

前言 為何要簡單？

所謂完美，不是多一分都多餘，而是少一分都不行。

——安托萬．迪．聖－修伯里

想想你聽過的最強而有力的訊息，良師給予的最徹底改變你一生的建議，競選演說中最激動人心的呼籲，或是廣告中最難忘的口號。

常有人勸我們「不要以貌取人」、「別高興得太早」、「羅馬不是一天建成的」。我自己最喜歡的一句箴言，也可以說是「元忠告」，是「所有的建議都是經驗談」。

也許這話會讓你想到政治，例如美國開國元勛派翠克．亨利登高一呼的那句「不自由，毋寧死！」或是近代的巴拉克．歐巴馬那句「是，我們能！」翻開知名的成功行銷案例，你也許還記得蘋果公司的「不同凡想」，或是耐吉的「做就對了」。

再想想你在過去二十四小時，聽見的其他幾千個訊息，例如廣告、警告、說明，甚至是你主動尋求的訊息，例如文章、社群媒體貼文，或是報導。你記得多少？你說的東西，別人能記得多少？別人到底聽進去了沒有？

無論這些訊息是想要你的鈔票、選票，還是純粹徵求你的意見，最有效的訊息都有一個共同點。那就是都很簡單。

簡單的想法難忘記。簡單的訊息是利器。

我們處在一個極為複雜的世界，醒著的每一刻（以及睡著的某些時刻），都有無數的裝置與應用程式嗡嗡叫、嗶嗶響，吵著要我們關注。這我們也知道，從接收訊息的角度看，我們也曉得清楚的訊息能吸引注意力。但輪到自己說話，卻很難做到簡明扼要。你上次做簡報，弄了多少張密密麻麻條列一堆重點的投影片？你上次見客戶，扔出多少個首字母縮寫字？

我們想表達，卻無法表達清楚，確實會很難受。溝通問題是最常見的離婚原因。感覺自己在職場被忽視的員工，不但不快樂，生產力也會下降。常有選民埋怨政治人物不聽他們的心聲。顧客遇到不理會自己的店家，也是大發雷霆。更何況還有多家企業每年花數十億美元，打出完全無效的廣告。

這本書是寫給有話想說、卻無法表達的人看的。這本書適合想銷售產品的企業家與高階主管，想改變社會的有遠見的領導者，以及每一個有故事要與世界分享的說故事的人。我們要一起研究，為何簡明扼要的訊息的溝通效果最好，而簡化訊息雖說不容易，但我們能如何做得更好。

為何簡單才是王道

過去十年來，我創辦也經營一家行銷公司，在我的母校紐約市立大學柏魯克學院，也教了將近十年的行銷。我始終很想知道，為何我們會有某些行為，還有我們究竟該怎麼做，才能突破雜訊，順利傳達想傳達的訊息。我曾與企業界最大的品牌，以及世上最具影響力的科學家、高階主管，以及作家合作。我訪問過數百位使用者及顧客，也與當今數十位最成功的行銷大師討論過。我無論走到哪裡，都想知道有效溝通的訊息的祕訣究竟是什麼，與無效溝通的訊息有著怎樣的差異。

坦白說，我研究這個問題，自己也覺得有點難堪。客戶花大錢聘請我們，學生也期盼身為師長的我能解惑，我卻連這個問題的本質都搞不懂。我請教其他專業人士，才發現原來不是只有我不懂。

這個問題讓我困惑已久，所以我要細細探究，把答案寫成一整本書。我們無論是個人生活，還是職業生涯，都離不開一個至關重要的問題：「為什麼有些訊息有效，有些卻沒效？」

蘋果推出 iPod，以一句簡單易懂的「把一千首歌裝進口袋裡」，就能改寫整個音樂產業。但清倉大拍賣的貨架上，卻擺滿了無法引起顧客共鳴的產品。

簡明扼要不廢話的訊息，將川普以及美國眾議員亞歷山卓・歐加修—寇蒂茲推向美國政壇的顛峰。但許多落選者，卻無法以言語打動選民。

直指「真相」的反菸運動，減少了青少年吸菸人口，不僅拯救成千上萬條性命，也節省了大筆的公共衛生支出。但還有許多立意良善的活動，卻無法掀起如此大的改變。

有效的訊息都有共同點，我們都能仿效這個共同點。無論你是想賣出一批價值數百萬美元的產品，還是想增強在職場、在個人生活的表達能力，只要懂得打造簡明扼要的訊息，就能達到目的。這個觀念能發揮很大的效益，在旅程的一開始，我們要先探討這個觀念令人意想不到的科學原理與歷史背景。

我們要探討注意力、記憶，以及認知的驚人侷限，而且在越來越忙碌，要求越來越高的世界，難搞的人類大腦，為何無法滿足我們的需求。我們以為自己很聰明，其實根本沒注意到周遭的很多東西。就算注意到，大半也不記得。我們自以為知道的東西，其實往往並不知道。我們處在一個一天到晚在連線、沒完沒了滑螢幕的社會，注意力又經常被賣給出最高價的人，難怪大多數的訊息都沒人接收。

接下來我們會發現，為何簡明易懂的訊息，就能解決這些問題。我們也會了解，全世界最擅長溝通的人，幾千年來通曉的訣竅，也會發現現在的消費者，願意為簡明易懂花大錢。

你大概聽過這種概念。七百年前，方濟各會修士奧坎的威廉曾提出一種說法，大致的意思是最簡單的理論，通常就是正確答案。後來的人稱之為「奧坎剃刀」。

僅僅在最近幾年，越來越多人接受「少即是多」的觀念，例如極簡主義，逃離變得更吵雜的世界。

但我們所謂的「簡單」，究竟是什麼？以下是我們採用的定義：

簡單：訊息容易為人所感知、理解、實踐

訊息要如何才能容易為人所感知、理解、實踐呢？這種簡單的訊息有五種特質：有益、聚焦、顯著、能同理、最精簡。在這本書，我們要逐一討論這五大原則，以及如何應用。

最後，等到我們了解面臨的是什麼樣的戰鬥，就要研究為何常常被打敗。我們要見見勁敵：複雜。

很多人喜歡往訊息增加內容，一言不合就退入複雜的世界，害怕做出大幅的改變。我們喜歡複雜，因為複雜不需要我們犧牲什麼，也不需要我們做出困難的選擇。但在我們接下來介紹的大大小小災難裡就會發現，我們要是畏畏縮縮，只想躲進最好走的道路，無法清楚溝通，付出的代價可是很慘痛的。

如何做到簡單

我們現在知道難關在哪裡，也知道簡單是有效溝通的關鍵，接下來就要撕開神祕面紗，讓大家知道，要如何在職場與個人生活，運用這個非常實用的觀念。在這本書的後半部，我們要拿出五項利器，打造簡明的訊息，就能破繭而出，成為領導與溝通大師。

我們首先要探討，以言語強調好處，而不是強調特色，能產生怎樣的效益。我們也會提出一個研究證實有效的模型，任何人都能將想表達的內容，用這個模型整理得更好（影響力最大的品牌與領導者，已經在使用這個模型）。

我們也要研究，如何讓個人與集體聚焦，消滅可怕的「科學怪人構想」，同時使出說得更少、卻表達更多的高難度妙招。這樣做的難度堪比走鋼索，既需要勇氣，也需要有創意的領導。

然後我們還會認識一些其實很多人都知道的方法，將訊息打造得更清晰，再加上一些限制，讓訊息顯得與眾不同。

我們會發揮同理心進行研究，以擺脫過往的框架，拋棄假設，直通我們的受眾。

我們會大力剷除廢話，創造毫無雜訊干擾的簡明訊息。

看完這本書，你就能一掃廢話與術語的危險荊棘，直指重點，清楚表達你的想法。

發訊者與收訊者

這本書談的是簡化，那我們當然也要簡化溝通雙方的稱呼：

- **發訊者**是要傳達訊息的人，可以是廣告客戶、企業主管、政治人物、宗教領袖、父母、老師、提倡者、監管機構，總之任何有話要說的人，都算發訊者。
- **收訊者**是發訊者想傳達訊息的對象，可以是顧客、選民、捐贈者、使用者、公民、政策制訂者、配偶，總之是我們想連結的對象。

每個人都扮演過這二種角色，常常同時既是發訊者又是收訊者，而且接收的訊息，遠遠多出發出的訊息。就連廢話最多的人，也是聽比說多。

但這本書的主題，是如何做個更好的發訊者。發訊者有必須完成的任務，也要用心經營，才能有效溝通。當個發訊者並不容易，既吃力又壓力山大。而且很少人擅長發訊，所以才需要學習。

我們在這本書還會常用的另一個簡稱，是**訊息**，在這裡的意思，包括發訊者必須傳送給收訊者的任何資訊，如圖0.1所示。訊息是想法與概念，多半以文字表達，但其實文字、影像，以及其他元素都可以是訊息，而不是只有文字。訊息可以是廣告、號召、備忘錄、警告、課程、故事，總之是任何我們想傳達的東西。

我們會經常談到文字，因為我們是藉由文字，將這個模糊的想法帶入現實。但這本書並不是要指導文

圖 0.1　這本書的主題，是設計更好的訊息，而更好的訊息有許多形式。

案寫作或寫作風格，而是要告訴你如何將尚未成形的想法，打造成能順利傳達給收訊者的訊息。

你想傳達的訊息要是太大、太無邊無際，就走不出你的那顆腦袋，而是會卡住。

你的訊息若是尚未成形，即使流露出來，收訊者也接不住，會從收訊者的指縫溜走。

你的訊息若是笨重又模糊，收訊者還是收得到，卻不會放在心上，而是會扔到一邊，最後跟一堆雜訊一起遺忘。

我們要將這些毛病，統稱為**複雜**。複雜的訊息是沒用的。你必須先簡化，才能順利傳達，收訊者也才能收到，加以運用。

開始之前，還要告訴你一個祕密

雖然我的專長是行銷，而發送最多訊息的發訊者，多半是有錢下廣告的人，但這本書並不是只適合行銷業者看。這本書是提醒，也是指南，適合每個有話想說的人。

然而我們這一行，剛好就是大多數人有話想說的時候，前來委託的對象。這就是行銷業者的專業：我們把希望大家知道的訊息傳達給大家，若是傳達得到位，希望也能引導大家，朝著我們想要的方向去做。

現在的每一個人，都是某種形式的行銷業者。我們在生活中，要說服同事接受我們的好主意，勸導孩子做家事，遊說朋友在我們的募款活動捐獻。既然你也是行銷大軍的一員，我覺得最好先告訴你幾個業界的祕密，然後再繼續看這本書。

這第一個祕密，是行銷企畫書、大學教科書裡沒有的，但卻是至關重要。若是不成立，那整個行銷產業都不會存在。這個祕密就是：沒人在乎。

沒人在乎你要說的訊息是什麼，尤其不在乎你想推銷什麼。沒人想看你的廣告，沒人想上你的網站。每個人看過的每一則廣告，幾乎都是被強迫看的。整個行銷業，打的就是對抗漠不關心、沒有興趣的硬仗。

為了證明確實是如此，我想介紹一個我向來很喜歡的、一個很可愛的單字，每隔幾個月就會登上網際網路。這個字就是 sonder。乍看之下很像德文（無論是任何東西，德文都有一個單字），但其實是部落客約翰．柯尼格，在他的 Tumblr 網站

《難懂的痛苦字典》[1]發明的。他的原版定義如下：

Sonder

名詞：了解每個偶然路過的人，擁有的人生就跟你自己的一樣鮮活，一樣複雜，充滿自己的志向、朋友、例行公事、擔憂，以及承襲而來的瘋狂，是一部史詩，在你身邊悄然延續，而你渾然不覺。就像深入地下，隨處蔓延的蟻丘，有通道通往成千上萬個你永遠不會看見的其他人的人生。在其他人的人生，你可能只出現一次，是一個在後方啜飲咖啡的臨時演員，是公路上一抹模糊的車流，是黃昏時分一個透出燈光的窗戶。

這個概念，也就是城市建築群的每一個燈光，或是高速公路上的每一輛車，都代表一個完整的人生，是個很難處理、讓人敬畏的概念，有助於我們理解眼前的任務。在我們看來，我們就是故事主角。既然我是主角，那我要說的話，大家都應該有興趣聽。我對我的新產品超有信心，所以大家一定都跟我一樣有信心！

但我們若能理解，別人也在經歷自己豐富、鮮活的人生，而且在別人看來，**你**

只是駛過的火車上一閃而過的那張顛倒的臉，我們就應該能發現問題在哪了。你想找的人個個都很忙，而且他們今天醒來，沒有你的產品，也沒有你的訊息，照樣活得好好的。他們滿腦子想的，是不知道該怎麼處理惱人的屋頂漏水，是努力在即將到來的最後期限前完成重要工作，或是想著下星期的海灘假期。他們能給你的寶貴時間與關注少得可憐，若有就算你運氣好了。別人整天在意很多事情，但沒人在等你說你要說的話。

這種真實情況，說到底就是簡化為何如此重要的原因。就像尖利的矛刺穿盔甲，我們的訊息也要夠銳利，才能穿透迷霧，也才會有人聽見。

業界的第二個祕密，是行銷本身的運作方式。我們搭起了鷹架，將我們的作品包裝得很專業、很有技術，甚至很科學，但行銷說穿了只有二件事：你說什麼，還有你怎麼說。

「你怎麼說」的這一半，已經耗掉不少墨水、播放時間，以及畫素。這一半包括比較傳統的電視廣告、報紙廣告，也包括較為現代、數位的 Instagram 貼文，以及 Google 搜尋廣告。這一行大多數的從業人員，做的都是這些。這個工作很重要，往往要求很高，但即使做好做完，成功行銷的工程也只完成了一半。這些都只是器具而已。

這本書要講的並不是器具。尤其在現在的環境，這些行銷戰術變化太快。坦白說，你要是真的想學，還不如上 YouTube、Reddit，跟著最新趨勢走。而且（這也是坦白說）只要你肯下功夫，學會這些工具一點也不難。

這本書要談的，是成功行銷看似困難的第一部分，也就是要在器具裡裝些什麼。這本書要告訴大家，如何釐清自己想說的是什麼。練就這項本事，走到哪裡都很好用，無論要不要去廣告公司上班。

這種本事在現在，是前所未有的重要。首先，我們要面對稍早談到的，廣告的輪番轟炸。一般美國成人，每天平均花超過十三小時，使用某種媒體。在這十三小時甚至更久的時間當中，也許有成千上萬則廣告，爭搶我們的注意力[2]。要衝破這麼多雜訊，順利讓收訊者接收到你要傳達的訊息，是前所未有的困難。

但另一個趨勢，在行銷業與科技業敲響警鐘，也代表網際網路運作方式的重大轉變。過去二十年左右，擴散訊息最有用的工具，是具有針對性的線上廣告。這種廣告我們都看過，也都點閱過（我知道，我也做過這些廣告）。在某個層面看，有些廣告很直接：你在臉書上，給健行主題的貼文按讚，就會看見推銷靴子的廣告。

但我們也看過所謂的**再行銷**廣告，就是你在某個網站上瀏覽過某一雙靴子，接下來的幾個禮拜，你到哪個網站，這雙靴子的廣告都會跟著你。你之所以會點頭表示認得這二種廣告，是因為它們超級有效。正因為超級有效，臉書之類的媒體推出這些廣告給你看，才能賺進數十億美元。

這類廣告需要數位追蹤，通常是一種叫做**網路餅乾**的小型檔案。網路餅乾在你造訪各網站時，能辨識你是誰。但有個問題：追蹤行動正在消失中。蘋果、Google，以及 Mozilla 在過去幾年來接連出手，大幅縮減廣告平台追蹤網際網路使用者的能力，而且效應逐漸發酵。這幾家公司發布減少數位追蹤的效應的第一批數據之後，臉書母公司 Meta 的股價，在一天之內重挫超過百分之二十。那個不斷拿廣告轟炸你，直到你勉為其難按下「購買」按鍵的時代，已經結束了。

數位追蹤工具就像拐杖，如今漸漸式微。包括我在內的行銷業者，過去十年來用的那一套直率行銷，在未來的十年不會管用了。我之所以寫這本書，是想幫大家做好準備，迎向新型態行銷的未來，無論你是否登過廣告。

在下一個時代，行銷業者操作超定位也無法立刻見效。以說服與溝通為業的專業人士，必須重拾有效傳達訊息的基本功。科技會變，但人不會變。有效溝通的方程式，從人類五千年前開始在石板書寫，到現在一直沒改變。這就是這本書要談的：為何簡單的訊息才是王道，我們怎樣才能更擅長設計簡單的訊息。

舊模式已經不靈光。但我們很快就會發現，即將失效的可不只是舊模式。

第一部

為何簡單才是王道

第一章 愚蠢的大腦要應付吵雜的世界

集中注意力，是我們一生都該做好的功課。

——瑪麗・奧利弗

你怎麼綁鞋帶？

你從小學的時候學會綁鞋帶，一直到現在，大概綁過無數次鞋帶，都已經形成肌肉記憶了。但你能不能把綁鞋帶的步驟，說給別人聽？

沖水馬桶是怎麼運作的？

你這輩子活到現在，應該沖過無數次馬桶。沖水馬桶是個很簡單的裝置，只有一個有曲線美的瓷器，一個手把，裡面有幾個活動的零件。沒有電線，也沒有晶片。但你能否說出按下把手時，沖水馬桶是怎麼運作的？

你在兩個星期二之前的午餐，吃了些什麼？

當時你人在現場，距離現在也沒那麼久。你走進餐廳，看了看菜單就點了菜，或是你那天早上，在家裡廚房的檯上打包了午餐。你咬了一口，希望你也覺得好吃，吃完再收拾碎屑。但現在的你，能否想起究竟吃了什麼？

這些問題不難回答，至少應該不難回答。偏偏任誰都很難回答。我們對於一瞥而過的東西，多半很難記住。我們以為自己知道的很多，其實根本沒那麼多。平常很熟練的事情，我們卻很難拆解說明給別人聽。我們的大腦並不是電腦，並不能百分之百精準記錄、處理一切資訊。大腦只是一台肉很多、不完美的機器。

大腦雖說有這些侷限，但我們大多數時候都能正常運作。在大多數的日子，我們都能順利綁鞋帶、沖馬桶、吃午餐，不會有什麼困難。我們懂得善用周遭的環境。但我們若要擔任另一種角色，也就是要表達、要建造、要分享什麼的時候，就會覺得困難，整個世界都崩塌了。

我們的溝通，多半是依據一種基本思想：我們是聰明、有愛心、理性的行為者，會時時刻刻以各種方式注意其他人說的話，也都能理解。但受到我們的人性，以及我們建立的周遭環境影響，真實的情況並不是這樣。

這是個問題，也是我們無法傳達許多訊息的原因。坦白說就是我們很笨，也很忙。

我們的問題

我們是不完美的生物，這反倒是件好事。故事沒有衝突就不精采。沒有鹹味襯托，就顯不出甜味的美味。我們的大腦要是永遠正常運作，人生就會很無趣，壓力很大。

我們知道這一點，是因為這世上的少數人，**確實會**注意到，也會記住所見的一切。這種人罹患的，是一種叫做**超憶症**的罕見疾病，回顧過往的人生，就像觀看一部生動的電影，曾出現的人、地、事物，都歷歷在目，就像我們滑過圖片庫一樣。這種記憶並不完美，卻也非常近似完美。這種疾病的患者，對於生日、婚禮、分手，以及喪禮的記憶，全都同樣詳細。有位患者說，得了這種病「停不下來，無法控制，精疲力盡」[1]。這不是好現象。

我們之所以會忽略、遺忘某些事情，是因為對生活有益。但我們若有訊息要傳達，而且不希望被別人忽略、遺忘，那這種天生的生理機制，就會變成難以克服的障礙。為了了解這個領域，我們先造訪問題最大的幾個地方。

我們不會注意到大多數的東西

在一條全是米色、無甚特別的走廊裡，六名學生圍成圓圈走來走去。其中三名身穿白色上衣，另外三名身穿黑色上衣。上衣顏色相同的學生，拿著一顆籃球互相傳球，笑著在一排關閉的電梯門前傳球。

開始傳球幾秒後，一名身穿大猩猩裝的演員，從這群學生中間走過，凝視著攝影機，捶打自己的胸膛，再朝著反方向離去。這群學生一直都在傳球。

是不是很詭異？你一定注意到了。

那可不一定。設計這項研究的學者，將影片拿給研究對象看，在播放之前表示，要他們計算白隊的傳球次數。結果觀看影片的研究對象當中，只有百分之四十二注意到大猩猩。說來真是不可思議，大多數觀看影片的研究對象，計算出白隊的傳球次數是十五次，卻竟然沒發現有什麼異樣。

這項由二位心理學家丹尼爾．西蒙斯與克里斯．查布利斯進行的知名研究，呈現的是「不注意視盲」這種令人費解的現象。所謂不注意視盲，就是明明很明顯，我們卻沒注意到[2]。我們處在吵雜的環境，注意力被一項任務，或是其他爭搶我們注意力的刺激物引開，就會沒發現就在眼前的東西，即使是八百磅重的大猩猩，也照樣看不見。

大猩猩裝還有籃球，都沒什麼特別。這種「視盲」一直都在發生。我們一邊開車，一邊全神貫注與人說話，就不會注意到那台「不知道從哪裡竄出來」的車子。我們全心投入在電玩遊戲特別難的一關，就不會看見走進房間，問晚餐要吃什麼的另一半。我們在機場候機室拚命趕工，想在最後期限之前完成工作，就不會聽見震耳欲聾的班機即將起飛的最後呼叫廣播。

我們的眼睛、耳朵並沒有問題。我們的視網膜照實記錄這些景象，再將這些感覺藉由視神經，傳送到大腦皮層。我們的鼓膜震動，發送電訊號到聽覺神經。但在這個過程中，往往會出現空白，明明存在東西，卻未記錄在我們的意識。我們的大腦會走捷徑，依據我們的預期填補空白，繼續處理我們正在做的事情。

在不知不覺中濾除不重要的資訊，是我們人類的一項演化優勢。想像一下，如果眼前的每一樣東西，我們都必須刻意處理、思考，那該有多累。我們的遠古先祖要是必須坐著，仔細檢視每一片草葉，那很快就會被潛伏在樹後面、飢腸轆轆的捕食性動物當成免費午餐。但任何一位燒光廣告預算、點閱率卻低得可憐的行銷業者都會告訴你，你若是想引起別人關注，那這種過濾不重要資訊的本能，對你來說就不是好事。

進行大猩猩研究的心理學家西蒙斯後來表示：「不注意視盲研究的一項結論，是我們實際看見的世界，比我們以為的少很多……我們以為自己掌握了周遭一切動靜的細節。但我認為，人們在大多數時候，一次只會真正專注在一項目標。」[3]

根據某些估計，我們的感官每秒接收一千一百萬位元的資訊，但我們有意識的大腦，只能處理其中大約百分之〇．〇〇〇四[4]。在我們開始以位元為單位衡量資訊的很久以前，十九世紀心理學先驅威廉．詹姆斯就寫道：「我的感官接收到外界無數的東西，但這些東西卻從未成為我的經驗的一部分。這是為何？因為我**不感興趣**。我的經驗，是我願意關注的東西。唯有我注意到的東西，才會影響我的大腦。若沒有依據興趣篩選，那經驗就會是一團混亂。」[5]

我們的注意力是很珍貴、也很有限的，我們比較喜歡用在重要的事情上。我們會注意到與自己的目標有關、有助於我們生存、發展的資訊。但要做到這一點，就要在不知不覺中，過濾掉不那麼重要的資訊。所以，無論何時，我們雖說被訊息轟炸，真正會注意到的卻不多。

不管是什麼，我們大部分都不會記得

二〇一〇年十二月某一個星期五的深夜，一位名叫亞倫・謝爾霍恩的年輕人，出現在休士頓一家夜總會的門口，一副慌亂的樣子[6]。他揭開上衣，向夜總會的保鏢，露出血淋淋被刺傷的傷口，懇求他們讓他躲進夜總會避難。但保鏢始終沒有理會，追趕謝爾霍恩的大塊頭很快追上，又刺他一刀。謝爾霍恩逃往附近的停車場，又被大塊頭刺了幾刀。路過的人看見大塊頭最後起身，冷靜離去。當晚，謝爾霍恩被附近的醫院宣告死亡。

在那個可怕的夜晚，八個人親眼看見行兇的大塊頭。其中一位隔天表示，他看到一個很像兇手的男子。警方依據男子的汽車，查到男子的姓名：萊戴爾・格蘭特。

刑警將格蘭特的照片，拿給其他幾位目擊者看。二位夜總會保鏢說，當天行兇的正是此人。二位夜總會的客人說，是他沒錯。路過停車場的路人也說，是他沒錯。八位目擊者當中，共有六位立刻指認格蘭特。警方找到兇手了。

幾天後，正在開車的格蘭特被攔截、逮捕，以一級謀殺罪嫌起訴。警方又找到一些不算明確的證據：在他的汽車後方行李箱找到一頂滑雪頭罩、一把刀子，又從他的指甲下方，採集到不知名男性的DNA。但檢方有六名目擊者的證詞，就足以起訴。二年後，也就是二〇一二年十二月六日，格蘭特罪名成立，被判處無期徒刑。

萊戴爾．格蘭特並沒有殺害亞倫．謝爾霍恩。

依據DNA證據，以及德州清白專案的奔走之下，格蘭特於二〇一九年獲釋，有罪判決很快就正式撤銷。真正的兇手傑馬利可．卡特在被捕不久之後認罪。錯誤的判決偷走了格蘭特將近十年的人生。當時會判他有罪，幾乎完全是依據六名目擊證人的錯誤記憶。

不幸的是，這樣的冤案並不罕見。郎諾．科頓於一九八五年被誤判強姦罪，被判處無期徒刑，同樣是因為目擊證人指認錯誤。後來還是DNA證據在一九九五年證明他無罪。萊恩．馬修斯一九九九年遭到附近的目擊證人誤認，結果為了一個他不曾犯的罪，當了五年的死刑犯。清白專案表示，美國由DNA證據洗刷冤情的案例中，百分之六十九是目擊證人誤認，其中又有百分之三十二，是不同的目擊證人屢次誤認[7]。

即使是攸關生死的大事，我們也有可能不記得自己看見什麼、聽見什麼，或是發生了什麼。

我們的大腦有四種記憶：感覺記憶、短期記憶、工作記憶，以及長期記憶[8]。感覺記憶來自感官，是第一個儲存時間極其短暫的資訊。感覺記憶說穿了就是看門人，過濾我們周遭的一切，選擇讓哪些資訊進入我們的意識。我們周遭環境的所有刺激物，會在不到一秒的時間，進出我們的感覺記憶。我們在上一節談到的，就是感覺記憶。

如果資訊通過了這一層的注意力篩選，就會進入我們的短期記憶。所謂短期記憶，就是我們在周遭環境思考、做事時，存放在大腦的重要位置的細節，例如你看見的上一個句子，或是你撥打的電話號碼。

與短期記憶重疊的，是我們的工作記憶，也就是我們存取、保留、操縱資訊，以規畫、執行行為。所謂工作記憶，就是我們如何使用短期記憶，例如依照食譜做菜、解決數學問題，或是參與辯論。

這三個階段儲存的記憶不僅少量，也很短暫。

哈佛大學心理學家喬治．米勒在一九五六年一項頗具影響力的研究發現，短期記憶有一項始終存在的上限[9]。想記住的無論是數字、聲音、字母，還是字詞都一樣。他發現無論在什麼情況，我們的短期記憶上限，就是他的論文題目「神奇數字七加減二」。米勒表示，在任何時候，我們的腦袋都只能保存七「塊」資訊。

後來的研究認為是四塊。還有幾項研究顯示，記憶力應該用時間衡量較為恰當：我們能回想的內容，就只有大約能在二秒說完的內容[10]。無論怎麼計算，這種記憶力都微小得很。我們的短期注意力與記憶力，遠比我們想像得要小。

我們還面臨另一個問題：我們的記憶會衰退，而且衰退得很快。除非我們努力延長新資訊的保存期限，否則大概只能記得十五至三十秒，然後就會遺忘。所以你看電影，不太可能會記得某個角色在前幾個鏡頭說過的確切台詞。在餐廳用餐，等到餐點送來，你大概也想不起來剛才的菜單上，還有哪些餐點。我們的大腦處理資訊，使用資訊，等到達成目標，就會將資訊擱在一邊。有些資訊會進入我們的長期記憶，但絕大多數的資訊並不會。清除大腦不需要的雜訊，也就是遺忘，並不是大腦運作的例外現象，而是預設模式。

很多方法都無法解決注意力與記憶力這二大難關，所以若有方法宣稱能解決，我們也應該探討其真實性。知名學者伊莉莎白・洛夫圖斯表示，記憶「比較像拼圖，而不像開啟一段錄影」[11]。我們想起一段記憶，並不是按下播放鍵，而是在重建這段記憶，而且重建的過程很容易出錯。

在萊戴爾・格蘭特，以及上述其他幾個被司法誤判、後來才證明無罪的案例中，目擊證人雖然指認錯誤，卻並不是存心害人。他們就跟大多數人一樣，並沒有過目不忘的記憶力，而在生死攸關的緊要關頭，必須動用記憶力的時候，他們的記憶力失靈，害了自己，還拖累一干人等。他們想重建模糊的記憶，大腦把幾塊拼圖湊在一起，再用脈絡線索填補剩下的空白，然後說：「好了，這樣就夠了。」

這些目擊證人在案發當時，是處於壓力極大的現實生活情境，多半是在黑暗中，隔著一段距離，想記住兇手的模樣，並不是在專門設置的研究情境，記住一張照片。他們接收到的資訊本就不多，能記住的更少。與渴望勝訴、咄咄逼人的檢察官正面對決，他們不完美，很有限的**人類**記憶，只能全面潰敗。

我們以為自己知道，其實並不知道

我們就算注意到，就算記得，又能知道多少？事實是，我們即使知道不少，過日子通常也沒什麼問題，但我們實際知道的，遠比自以為知道的少。

回頭談談這一章一開頭談到的沖馬桶。撇開個人衛生的細節不談，你應該是一輩子都在沖馬桶，所以馬桶是你使用最久、互動最親密的科技裝置。但若是把你送到五百年前的世界，你能做出一個沖水馬桶嗎？

除非你是水管工，否則你若回答「能」，那你大概是受到人類大腦的另一種缺陷影響：解釋深度的錯覺，也就是高估了自己對於複雜主題、想法，以及系統的理解。

在率先提出「解釋深度的錯覺」的耶魯大學原始研究，研究人員要求一群研究生評估，自己對於幾項裝置與系統的理解程度，例如車速錶、美國最高法院，以及，是的，沖水馬桶[12]。研究生評估完成後，必須詳細寫下每一項的運作原理，然後再次評估自己的所知。

結果是：幾乎每一位研究生，都無法解釋運作原理，也因此降低自己的所知評分。後來針對大學生和充滿貴族氣息的常春藤盟校之外的校院，進行同樣的研究，也得到相同的結果。我們高估了自己的所知。

解釋深度的錯覺，與另一種常見的高估毛病有關。這個毛病叫做鄧寧—克魯格效應，是一種知名的認知偏誤，也就是經驗不足、沒有能力的人，通常會高估自己的能力與表現。這種現象非常普遍：成績不好的學生，認為自己的成績比實際上好。棋藝不精的西洋棋手，高估了自己獲勝的機率。有一個特別驚人的例子，是百分之十二的一般英國男性，認為自己與史上最佳的網球選手小威廉絲在網球場上對決，能拿下一分。巧合的是，同樣有百分之十二的美國人過於自信，認為自己可以徒手打倒一匹狼[13]。

如同圖1.1所示，這些缺陷會影響我們每一次的溝通。我們從外界吸收資訊，塞入不太靈光的腦袋，這過程中的每一個步驟，都會遇到問題。每一次發揮些許的注意力與專注力，都堪稱一場小小的奇蹟。

其他一切的問題

缺陷如此之多，感覺我們簡直像是充滿瑕疵的機器。但我們並沒有故障，正如不會爬樹的魚不算故障，不會飛的蝸牛也不算故障，因為天生就不適合做這些事。我們是不完美，但並不是道德上有什麼缺失，就是天生不完美而已。

問題在於，**我們**創造了一個並不適合我們的世界。

我們最古老的先人，二十五萬年前在大草原上漫步，並不需要觀看連綿不絕的廣告牌，也不會有滑都滑不完的通知訊息。我們人類是在危機

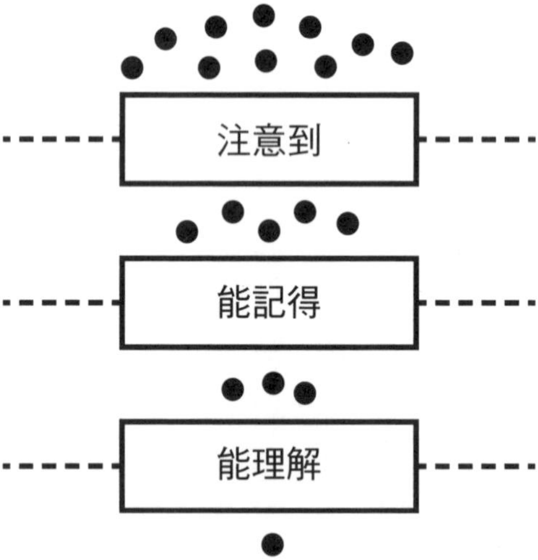

圖 1.1　我們會注意到一些東西，會記得的較少，能理解的更是只有一點點。

四伏的環境演化，當時想吃掉我們的動物，遠比現在多。我們也發展出一些行為，能迅速觀察環境，轉換我們的注意力，才能時時領先一步。樹枝窸窣作響，影子移動，都有可能代表不遠處有捕食性動物。我們的眼睛立刻睜大，耳朵立刻豎起，評估眼前的危險。

你我既然還活得好好的，顯然我們的遠祖，很有避免自己被吃掉的本事。我們的大腦真的有用耶！我們的注意力與記憶力的過濾機制，確實起了作用。

但現在的我們，卻把這種尖牙利齒的威脅，迎進自己的家與口袋。我們的裝置一天到晚大喊大叫，拽著我們的大腦，看過一個又一個現在就得看的東西。而且速度還越來越快。

干擾的黃金時代

每個學期，我都請我班上的大學生拿出手機，點選「設定」，瀏覽他們每日使用手機的總時數。我再請全班同學大聲說出最大的數字。他們的回答包括：「五小時又二十三分鐘」、「六小時又十四分鐘」、「七小時又五十一分鐘」。

放在一天二十四小時來看，這些數字簡直瘋狂，卻也是常態。在美國，百分之五十七的成年人，每天使用手機超過五小時[14]。我也是這些人的一員，在我寫這段文字的這個禮拜，每天平均使用手機的時間，是四小時又七分鐘。

如果把所有媒體都算進去，包括智慧型手機、電腦、電視、收音機、書籍、報紙、雜誌，那美國人的大腦每天平均超過十三小時，都在接受訊息的轟炸[15]。再扣掉睡覺、洗澡的時間，等於一整天都在被訊息轟炸。

在被轟炸的時間裡，我們看見、收到成千上萬則親朋好友、組織團體，當然還有廣告商傳來的影像與訊息，全都由演算法混雜在一起塞給我們。手機與應用程式，都是刻意設計成會讓我們上癮，所以有些行銷業者估計，我們每天滑過來自各項訊息來源的資訊，長度超過九十公尺，比自由女神像的高度還長。我們僅僅使用手機，就看了這麼多資訊。醫師甚至發現了一種名為**智慧型手機指**的新疾病，是一天到晚滑、滑、滑所引發的肌腱炎。

人類與資訊超載的大戰，並不是新現象，卻達到新高度。一二五五年，道明會中博韋的樊尚就曾埋怨「書本太多，時間太少，記憶又太靠不住」[16]。這還是印刷機導致書面文字大爆炸前的近二百年。幾百年來，報紙、收音機，以及電視占用更多「太少的時間」。而在速度越來越快的現代，情況越來越糟。

我們在資訊狂潮中幾乎滅頂，安裝無數的廣告攔截程式，全面取消訂閱。我們購買智慧型手錶，以便更快清除通知。但這樣做並沒有用，因為與我們作對的是巨大又強大的力量，只會想發送更多、更多、更多訊息。我們生活在干擾的黃金時代，要突破如此之多的雜訊，是史無前例地困難。

設計師唐．諾曼在著作《情感@設計》，探討這些會干擾我們的科技的最大問題。他說，使用這些科技「等於是在進行非常特別的活動，同時身處二個不同空間，一個是你的身體所在的空間，另一個是你心靈所在的空間，也就是你的心靈內部的私密空間，你在那裡與對話的對象交流。」[17]

意識分裂，再加上資訊洪流，造就了一個連我們的曾祖父母都不認識的世界，更不用說我們的遠祖。我們很忙碌，根據某些人的估計，現在的我們擁有的休息時間，比原始社會的採獵者少。我們也受到不少干擾，一天平均收到一百二十封電子郵件，以及五十則推播通知，根本消化不了[18]。

不看才是預設值

不是只有你會這樣。數據顯示，現在社群媒體趨勢變化的速度，已經比幾年前更快。而且我們對於最新的書籍、電影的興趣，也比以前短暫[19]。每年都有越來越多的東西湧向我們。每一波爭搶我們注意力的東西後方，都有更大一波。在富饒的年代，資訊洪流永不停歇。

絕大多數的人，也就是將近四分之三的人口，覺得廣告太多。強迫我們收看最嚴重的廣告，也就是強力轟炸的自動播放廣告影片，無疑是最惱人的[20]。大多數人都會盡力防堵廣告，包括安裝攔截程式，或是調整自己的習慣，以避開廣告。美國有四個州，甚至禁止廣告牌。

我們對付惱人的廣告轟炸的辦法，是拒看。我們的預設模式是不看。

研究顯示，幾十年來，電腦使用者普遍出現**忽視橫幅**的現象。忽視橫幅是一種選擇性注意，也就是會主動隔絕不請自來的訊息[21]。我們的大腦訓練有素，知道在使用網站與應用程式的時候，要忽視廣告，甚至連看起來像廣告的東西也要忽視。所以我們即使是首度造訪某個網頁，也是不需思考，就知道要直接跳過這些東西。我們可以說是根本看不見這些訊息，當然也就接收不到。訊息被雜訊淹沒。

這種集體的溝通失靈，是源自我們核心的、基本的，也極其明顯的動機：我們只想做自己想做的事情。

坦白說，我們只會在意對我們來說很重要的事物。我們深愛、也非常在意的親朋好友、支持的運動隊伍與政黨，以及我們的嗜好與信仰。這些以及其他許多東西對我們來說很重要，我們也會關注。但我們若無法立刻看出某個東西對我們有益，有助於我們達成目標、滿足欲望，那我們就會改為關注下一個東西。而現在的下一個東西，數量是前所未有的多。

我們的大腦製造了這種亂象，也有能力帶領我們擺脫亂象。我們已經知道，我們都還沒開始溝通，情況就已經對我們不利。我們的生理與心理機制，要我們隔絕雜訊。我們創造的世界雜亂得很，任何訊息能傳達，簡直就是奇蹟。

我們是以石器時代的大腦，對抗智慧型手機。會輸並不是我們的錯。

但我們不能直接投降。我們有重要的話要說，要發起運動，要實現創新。溝通太重要了，對企業是如此，對我們的人生是如此，對社會的大業是如此，所以只許成功不許失敗。溝通是人性的精髓，而想要好好溝通，我們就必須承認，也必須接受身為人類的侷限。讓訊息穿透雜訊，有效傳達，是我們的責任。

而且有效溝通是有科學原理的，只要依循就能做到。

我們的腦袋是怎麼運作的

我們每次創作或溝通的時候，都有不少細部因素發揮作用。以下是我們研究一項訊息如何從發訊者傳達給收訊者的時候，所討論過的一部分的觀念：

- 可得性偏誤：我們比較傾向使用手頭上的構想。
- 複雜性偏誤：我們通常會高估情況、任務，或議題的複雜程度。
- 錯誤共識效應：我們通常會高估其他人認同我們的意見與選擇的程度。
- 流暢性捷思：我們比較認同容易感知、也容易理解的情況與想法。
- 同質性：我們通常比較認同與自己相似的人。
- 工具性捷思：我們有時會比較喜歡較為吃力的任務，但只有在有追求目標時才會如此。
- 過度自信效應：我們傾向高估自己的表現、所知，以及能力，尤其是關乎經驗有限的領域。
- 選擇性注意：我們有能力將注意力集中在特定任務上，忽視周遭的其他細節。

第二章 簡化的理由

簡單比複雜更難。要努力釐清自己的想法，才能把自己的想法簡化。但辛苦終究是值得的，因為一旦做到，就能創造奇蹟。

——史提夫．賈伯斯

二〇二〇年三月的幾個禮拜之中，我們熟悉的世界戛然停擺。NBA某場籃球賽進行到一半，整個賽季突然喊停。在禁航令的影響下，遊輪必須立刻停止航行。紐約市公立學校系統，也就是全美最大的公立學校系統，全面關閉。新型冠狀病毒導致我們的現代生活全面停擺。

人人開始躲避，保持社交距離的同時，我們在地球上的鄰居，卻完全反其道而行。全世界除了社群媒體上的悲觀貼文，也看見伊斯坦堡平常混亂的博斯普魯斯海峽，有海豚在游泳的影像。還有美洲獅在聖地牙哥市區街道上出沒，以及郊狼走過舊金山的金門大橋。我們看見世界變得更安靜、更平靜之後對環境的影響，不免常感嘆「自然界正在痊癒」。

幾乎是一夕之間，都市的噪音量，降至二十世紀中葉以來的新低。路上的車子變少，天上的飛機變少，各城市重回一九五〇年代的聲景。我還記得那年春天，我在寂靜得詭異的曼哈頓騎單車，連一根針掉在地上都能聽見。

市區如此安靜，許多市民都能睡得更好，但城市的另一批居民，卻得以以新的方式大展身手：鳴禽。鳥類把握從天而降的平靜，大唱更複雜、更細膩的歌曲[1]。接下來的幾個月，現代生活的噪音回歸，研究人員也發現，鳴禽更複雜細膩的歌聲也沒了。牠們轉而唱更大聲，更簡單的歌曲，以壓過噪音。

即使是長了羽毛的好朋友，也知道在這個繁忙，更為吵雜的世界，該怎麼溝通才最有效。無論是要人聽見，還是要鳥聽見，想要對方聽見你說的話，就必須簡化你說的內容。不過我們比鳥兒有優勢，我們可以運用一開始害我們陷入亂局的大腦，擺脫亂局。

什麼叫簡化？

我們先回到在這本書的開頭說過的，簡單溝通的定義。

簡單：訊息容易為人所感知、理解、實踐。

換句話說，簡單就是科學家所謂的**流暢性**的展現。

我們很熟悉流暢性。我們的英文、西班牙文、中文可以很流暢。我們的西洋棋術、烹飪技術、品酒或是木工技術，也可以很流暢。所謂流暢，就是能迅速、輕鬆，順利把事情完成。流暢的英文字 fluency，源自拉丁文 fluens，意思是「如流的」，也就是流暢的感覺。

心理學家與神經科學家所謂的流暢性，包括各種經驗，我們可以大致分為二大類：感知流暢性與處理流暢性。

- **感知流暢性：**我們注意到事物有多容易？
- **處理流暢性：**我們了解事物有多容易？

各類主題的研究，已經以無數證據，證明同樣的結論：我們天生就會偏好更容易感知、更容易處理的東西。一種訊息、一種概念帶給我們的經驗若是較為流暢，我們就更有可能相信它、信任它、偏好它，以及選擇它。

股市的波動，就是我們追求流暢性的一個稍嫌荒謬的例子。公司若是上市，可以選擇最多四或五個字母組成的股票代碼，視交易所的規定而定。沃爾瑪的代碼是WMT，特斯拉的代碼是TSLA，麥當勞的代碼是MCD。理論上，企業的股票代碼，應該與經營績效無關。公司領導階層、市場情況，以及科技的突破，才會影響公司股價的漲（以及跌），而不是一串毫無關連的字母。

呃，也不盡然。二位學者亞當．阿爾特與丹尼．歐本海默列出一九九〇至二〇〇四年間[2]，上市的將近一千家公司，分為二類。一類是股票代碼很好唸的公司，另一類是股票代碼很難唸的公司。他們研究這二類公司過往的股價表現，發現股票代碼很好唸的公司，股價漲幅經常高於股票代碼很難唸的公司。你若投資一千美元，買進代碼較簡單、較好唸的股票，你的朋友也投資一千美元，買進代碼很難唸的股票，等到第一個交易日結束，你會比朋友多出八十五美元。在首次公開發行的熱潮過後，這種效應有減弱的趨勢，但即使在幾年後，正向的關連依然存在。

股票的代碼若是很好唸，也很容易記住，投資人就比較有可能記住，也比較有可能會買進。GOOGL、DIS，以及PEP，比CMCSA、ACN，以及VZ容易記住（分別是Google的母公司Alphabet、迪士尼、百事可樂，以及康卡斯特、埃森哲，與威訊無線）。

我們對於更簡單、更好唸的名稱的偏好並不僅限於股票，也延伸到董事會。即使考量到長度、獨特性，以及種族，我們還是會對名字較好唸的人較有好感。研究顯示，名字較好唸的候選人得票數較高，名字較好唸的律師的職業生涯較為成功，而且整體而言，名字較好唸的人更討人喜歡，雖然不見得公平[3]。

簡單的姓名只是我們的流暢度偏誤眾多種類的其中一種而已。流暢度在幾乎每個領域都吃香：

- 以更易讀的字體印刷的產品，相較於字體模糊、擁擠，總之就是難讀的產品，售出的機率更高。
- 圖像放在對比度更高的背景，會比放在混亂、對比度較低的背景更討喜[4]。
- 沒有「呃」、「嗯」的流暢言語，會比不流暢的言語，更能讓人信任。

- 訪客會在載入較快的網頁停留更久，也會花更多錢。
- 就連押韻的句子，也會讓人感覺比不押韻的句子更真確。

在我們的生活經驗，這種現象是直觀的。我們苦惱報稅要按照一大堆規則，卻很高興能一頭鑽進一本讓人欲罷不能的小說。包括亞馬遜在內的電子商務公司，將簡化奉為鐵律，追求流暢、簡單、一鍵式的結帳經驗，弄得我們信用卡帳單數字節節高升。簡單的事物能激發正面的感覺與行動，困難的事物卻會引發負面的感覺與行動。

流暢性就像通往我們的大腦那扇門上一條滑順的鉸鏈。這道門若是容易開啟，我們就更能接收訊息。鉸鏈若是生鏽，門鎖難以開啟，要撬開就更為費力，我們也就更不會使用。

設計簡單

要如何才能實現簡單流暢的溝通？妥善設計。

簡單說，**設計**的意思就是為了實現目的而創造。設計是一種商業行為，而不是藝術行為。

各位看到這裡應該都明白，但我還是再強調一次，這本書談的不是詩歌、繪畫，而是真金白銀。這個世界絕對可以允許雜亂無序、賞心悅目又錯綜複雜的藝術創作。我們要是沒有這些藝術創作，那地球這塊漂浮的岩石，也會是個很乏味的地方。如果要創作藝術，那你該聽從的是繆思女神，而不是這本書。

但你溝通的目的若是通知、說服，那你的訊息就會需要經過設計。設計是有**目標**的。

設計是形形色色的。我曾經營一家行銷公司十年，設計各種東西。我們設計手機應用程式，方便學校與家長聯繫，也設計網站，方便旅客規畫知名地標的旅遊行程。我們也設計特色品牌，以便企業推廣產品。我有幾位朋友設計過建築物與橋樑，還有幾位朋友設計過產品，以及產品包裝。他們有些做的是絢爛的時尚設計，有些則是幕後的資訊架構。無論是無形還是有形的東西，只要需要整理，以達成某項目的，就需要設計師。

但我們常常忘記，溝通方式也是設計出來的。我們看見設計出來的介面與廣告，卻認為文字與意義是獨立的，並不像其他的一切那樣依循同一套自然法則。最擅長溝通的人，認為訊息是可以設計的，也是必須要設計的。

設計師在設計工作上，會面臨一些限制。我們到目前為止，已經探討過自己的侷限，以及所處的環境有哪些因素，會妨礙我們溝通。

設計師要為設計的成果負責。我們接下來會探討複雜、臃腫、不清楚的訊息的問題，以及這樣的訊息為何常常害得我們溝通失敗。

現在我們要研究的是有用的策略，應該說是唯一有用的策略：簡化。

我們從設計的角度看簡化，著眼於使用者、限制，以及效果，就會發現簡單的訊息，全都符合五項原則。實踐任何一項原則，就能享有流暢性的好處，溝通也會更為順利。實踐全部五項原則，就能實現真正的神奇。

有益

簡單的訊息會以收訊者為重，著重在收訊者的目標、需求，以及欲望。收訊者能得到什麼好處？你的訊息對他們有何用處？

每一次的交流，都要有兩方才能進行，但交流的雙方並不是平等的。正如寄件人必須支付郵資，發訊者也必須承擔實質與象徵性的溝通成本。為什麼？因為發訊者希望收訊者購買、投票，或是捐獻，而收訊者不做這些，也能活得好好的。

聚焦

訊息要做到簡單，就必須刪去一切不重要的東西。訊息所有的內容，全都是為了表達重點。至於其他會干擾收訊者的東西，必須盡數剷除。空洞的陳腔濫調，無用的枝節，總之與訊息重點無關的東西，都有可能害你失去收訊者。你能抓住收訊者的機會很小，所以千萬別錯失。

設計與裝飾是不一樣的兩回事。裝飾是以裝飾品「加以妝點」。我們在汽車加裝鍍鉻擋泥板，或是穿戴耀眼的珠寶，就是一種裝飾。裝飾並沒有錯，但裝飾是藝術，而設計則是生意，必須有重點。

顯著

簡單的訊息能特別顯眼。心理學家與神經科學家所謂的**顯著性**，意思是事物在群體中顯得顯眼，能讓我們注意到的程度。在一個雜訊充斥的世界，你必須夠突出、夠顯眼，才有一絲吸引別人注意的可能。大腦很容易適應重複出現的刺激物，將千篇一律的東西混在一起擱置一邊，而我們傾向會注意到並非千篇一律的東西。

有很多種方式都能製造出對比：外表、語氣、大小或長度、量、風格、位置，或是操作其他許多特質。總之就是要與眾不同。其他訊息往東的時候，顯著的訊息就會往西。簡單就會鶴立雞群，複雜只會泯然眾人。

同理

你的訊息簡單，就代表你能體貼收訊者。所謂有同理心的訊息，就是使用收訊者的語言，也流露出你理解收訊者的現況。打造有同理心的訊息，並不需要使用專業行話，也不需要是某個領域的學者，也不需要堆砌一些深奧的字詞。

身兼行銷業者與作者的麥克·溫圖拉在著作《應用同理心》表示：「有了同理心，就能從其他觀點看世界，也能發展出新的、更理想的思考、生活，以及行動的方式[5]。」有同理心的溝通者，會為受眾著想，在溝通過程中，彼此也會更了解，交情更深。

極簡

簡單的訊息包含該有的內容，但也只有該有的內容。簡單的訊息的附屬品少之又少，所以有可能失敗的地方就少之又少。

極簡通常等同於簡短，但這並不代表應該一味追求簡短。衡量極簡的標準，應該是摩擦。東西越多，摩擦就越多，溝通起來也就更費力。摩擦越少就越流暢。

簡化的優勢

但這些為何如此重要？朝著某個方向走是天性使然，為何要如此費力，硬逼著自己往反方向走？因為我們很像這一章開頭提到的鳴禽。我們不能奢望會有完美的環境，但環境即使不完美，我們還是需要溝通。簡單就是溝通之道。

簡單已經過考驗

簡單並不是什麼新概念，絕對不是，甚至可以說在每個世代、每個領域，都曾受到考驗。

最知名的例子，是十四世紀的方濟各會修士奧坎的威廉。很多人都知道以他為名的奧坎「剃刀」，也就是一種經驗法則：較為簡單的解釋，較有可能是正確的。無論是科學、醫學，還是歷史，我們研究周遭發生的事情的原因，結果一再發現，正確答案就是最簡單的答案，也就是假設最少，繞彎最少的答案。早在奧坎的時代的一千多年前，亞里斯多德就曾說：「自然界是以最簡單的方式運作[6]。」

莎士比亞在十七世紀初的劇作《哈姆雷特》寫道：「簡潔乃智慧之精髓。」後來同樣在十七世紀，貴格會信徒將「簡單宣言」奉為信仰的最高原則。到了二十世紀，美國海軍倡導ＫＩＳＳ原則，是「簡單、易懂就對了（Keep it simple, stupid）」的簡稱。從戰鬥機到迪士尼電影的製作，全都是依循這項簡單直接的原則。程式設計師與政治人物的專業，也離不開簡單二字。

在文化迅速發展的現代，到處都有人倡導簡單。近藤麻理惠提倡簡單生活的著作《學會整理，就會喜歡自己》風靡全球。不僅改編成 Netflix 真人實境秀（觀眾迴響之熱烈，某些善意商店收到的捐贈，增幅高達百分之六十六）[7]，後來也陸續出現同樣暢銷的仿作。與近藤麻理惠一同高踞點閱率與暢銷排行榜的，是一群影響者與作家，將斯多葛主義崇尚儉樸的信條，重新包裝又加以推廣。能隔絕世界上的雜訊的冥想應用程式，長年稱霸下載排行榜。這類應用程式可以透過手機操作，而手機的製造商，也推出各項工具，減少手機本身對我們的干擾。一場疫情讓我們不得不面對凌亂的居家環境，室內設計師如今宣稱「極簡是王道」。各大品牌也拋棄裝飾與複雜，追求更直截了當的美學。

在現代的消費市場，史提夫．賈伯斯與強尼．艾夫構思、設計簡單典雅的蘋果產品，不僅為全球最大的企業賺進數十億美元，也啟發了無數產業的創造者。但在這一切發生之前，是迪特．拉姆斯啟發了賈伯斯與艾夫。拉姆斯是德國消費品品牌百靈的創意設計支柱，是設計史上最具影響力的人物之一，也是睿智的簡約提倡者。他的哲學匯集了這麼多世紀以來，人類綜合的經驗：「所謂好的設計，就是越少設計越好。越少反而越好，因為少才能專注在最重要的層面，而且產品不會有不必要的累贅。回歸純真，回歸簡約[8]。」

在每個時代，人類面臨挑戰與不確定性，都會回歸這項原則。我們要的、能讓我們感動的，也是成功的方程式，其實很簡單：更少反而更好。

簡單就是體貼

皮克斯繼電影《玩具總動員》之後，接連推出賣座強片，不僅票房大賣，也廣受好評，形成眾人喜愛的文化。很多人仿效皮克斯的創作風格，也細細研究這家公司，希望能破解成功的祕訣。二〇一二年，皮克斯的分鏡腳本創作師艾瑪・科茨分享她與多位世界級大師合作，所學到的說故事的規則。其中一項就是「永遠要記住，重點是你身為受眾喜歡看什麼，而不是你身為創作者寫什麼才有意思[9]。」

以收訊者為重，就等於做到了簡單，也是一種體貼。重視其他人的時間與願望，是一種寬厚的行為。為他人著想，是有同理心的表現。但體貼與親切是不一樣的。親切是展現在表面的：討喜、客氣，避免衝突。體貼則是深層許多。你待人體貼，代表你真心在乎別人，也在意他們的快樂。

複雜訊息也許充滿表面的親切，卻不夠體貼，沒有為收訊者有限的時間與注意力著想。以坦誠且尊重的態度告知壞消息，會比油嘴滑舌拐彎抹角更體貼。

前紐約市長郭德華展現出我的家鄉紐約市舉世聞名的直率犀利風格。在他的第一任任期，紐約市政府裝設史上最簡明扼要的「禁止停車」標誌：「**想都不要想**在這裡停車[10]」。結果大受歡迎，後來又推出中文、意第緒文等多種語言版本，裝設在市區各地。至今收藏者仍可買到複製品。甚至還衍生出副產品「禁止停車，禁止站立，禁止暫停，我說真的」。郭德華卸任後，這些標誌被拆除，換成較為複雜的標誌。紐約市民大表不滿，有些市民甚至表示，新的標誌「刻意寫得不清不楚，就能開一堆罰單」。新的標誌如圖2.1所示[11]。

原先的簡單標誌也許不怎麼親切，但絕對體貼。

簡單就是有效率

廣告業是受到許多限制的產業。你的廣告的播出時間，必須正好三十秒，不能多也不能少。你在《時代》

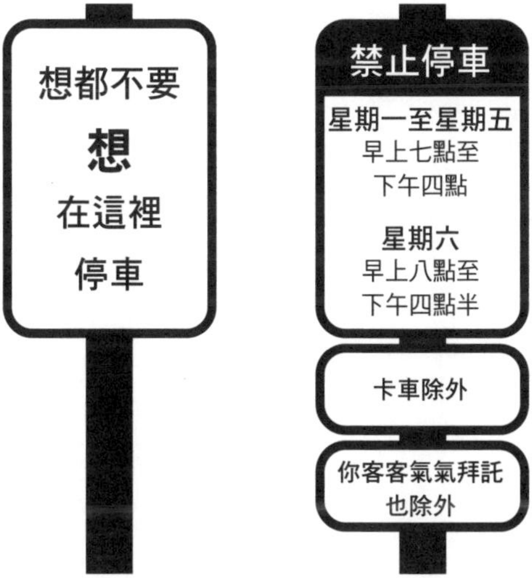

圖 2.1　如果二者只能擇其一，那寧願捨棄親切，選擇體貼。

雜誌的滿版廣告，必須正好是寬七．八七五英寸，高十．五英寸[12]。幾個世代以來，任何人要刊登徵人啟事，甚至尋找交往對象，都必須按照字數，或是「欄／英寸（column inch）」付費，才能在本地報紙刊出。

即使到了現在，整個廣告業雖說被 Meta、Google，以及亞馬遜啃掉整整一半，還是處處受限[13]。Google 的一則搜尋廣告，標題只能有三十字，內文只能有九十字。這樣的字數真的很少，我寫的前一個句子，就是解釋廣告字數限制的那一個英文句子都太長，不符合廣告的規定。畫素與敲鍵盤是免費的，眼球與注意力卻是很貴的。

簡單本來就是有效率的。要做到簡單，就要去除多餘的東西，只留下有用的。如此就能節省那些無用的東西所造成的花費，最終得到最大的投資效益。

一百年前，費城的零售商、也是行銷先驅約翰．沃納梅克曾埋怨道：「我花的廣告費，有一半都是白花，問題是我還不知道，白花的是哪一半[14]。」我覺得我能猜到答案，大概是一開始就不需要花的那一半。我們花錢做的廣告，若是只考慮我們自己，又很複雜，沒有著重於顧客與顧客的需求，那就等於把錢扔到水裡。

簡單是有效

最後，如果簡單無用，那一切的功夫都是白費。幸好簡單有用。十年來，品牌策略與設計公司 Siegel+Gale 一直在觀察簡單行銷的現象。這家公司調查全球成千上萬消費者的意見，也研究各大產業數百個品牌[15]。同樣的結果一年比一年普遍。最簡單的品牌表現優於競爭對手，消費者願意花更多錢在這些品牌上，也更願意推薦：

- 百分之七十六的消費者，更有可能推薦較為簡單的品牌。
- 百分之五十七的消費者，願意花更多錢在更簡單的品牌上。
- 企業因為無法簡化，已經損失四千零二十億美元。

史上最令人難忘的廣告與廣告詞，全都是明確、直接，而且以收訊者為重：

- 耐吉那句直截了當的「做就對了」推出十年來，讓公司業績成長超過十倍。
- 聯邦快遞推出新口號「絕對、一定要隔日送達」，營收很快衝上十億美元，後來也成為全球最大貨運航空公司。
- 漢堡王的口號是「隨心所欲」，以自身的靈活凸顯對手的僵化。這句口號威力驚人，漢堡王也一再用於宣傳。

簡單的訊息也能改變社會。一九九八年，超過百分之二十的美國高中生每天吸菸。任何人吸菸，都會引發不少健康問題，但兒童與十幾歲的少年，特別容易嚴重成癮、肺部成長遲緩，以及罹患嚴重呼吸道疾病[16]。吸菸造成嚴重危害。菸草公司砸重金粉飾太平，導致問題更加惡化。

美國佛羅里達州的公共衛生官員為了防治菸害，發起了宣導活動，以對抗香菸廣告與假訊息。活動的名稱與目標非常簡單直接：「真相」。這項活動後來納入「真相倡議」，擴及全美。「真相」最知名的公益宣導活動，是在菸草公司大樓外面的聳動表演。在其中的一場，卡車將一千二百個「屍袋」倒在人行道上。在另一場，一千二百名編號的志工，突然倒在街上。傳達給上面的菸草公司高層，以及家中的觀眾的訊息再明確不過：「香菸一天奪走一千二百條人命。可曾想過放假一天不吸菸？」

菸草巨頭菲利普莫里斯也被要求製作反菸公益廣告，大概也在同一時間播出。**只能說不怎麼好看**。廣告的口號是「想一想，別吸菸」，還有一些讓觀眾有聽沒有懂的廣告詞，演員的演技又爛，整體製作像是交差了事。

在後來的幾年間，這些活動的相關研究，證明了二件事。第一，真相活動確實有效，十幾歲年輕人的反菸意識不斷上升。第二，菲利普莫里斯的宣導不但無效，甚至可以說是反效果：十幾歲年輕人看完如此粗糙的廣告，只會對吸菸**更有**興趣。幸好「真相」終究勝出，如今十幾歲年輕人吸菸的比例，下降到只有百分之四．六[17]。現在禍害十幾歲年輕人的，是電子菸，真相也再度出馬剿滅禍害。

所謂簡單，並不只是妝點門面，而是從截然不同的角度，思考溝通的方式。我們若能退後一步思考，用心設計與溝通，就能創造奇蹟。

但要做到也沒那麼簡單，我們必須先面對一位熟悉的敵人。

第三章 複雜的罪過

雜亂與混亂是設計失敗，不是資訊的屬性。

——愛德華．塔夫特

一九四四年的冬季，世界燃起戰火。同盟國的軍隊在幾千公里外的槍林彈雨中奮戰，而在國內，美國戰爭機器正在不眠不休運作，想找到戰場上的致勝之道。在後來成為美國中情局的地方（當時稱為戰略情報局），有支團隊正在研發一種非常獨特的致勝方法，是一本給在敵方工作的本方間諜的指南，名為《簡單破壞現場手冊》。

這本高度機密指南的目的，是「定義簡單的破壞活動，概述此類活動可能造成的影響，也提出煽動與執行的相關建議。」整本指南講的，都是如何擾亂工廠、破壞運輸網路，以及干擾供電的步驟。指南教導間諜與可信任的盟友「變換十字路口與岔路的路標」，以及「將幾撮鋸木屑或堅硬的穀物，例如米與小麥，放入汽油引擎的油箱內[1]。」

這本指南除了列舉破壞敵國經濟體的各種陰招之外，也說明如何瓦解機構：

> 要積極「演說」，一有機會就要發言，而且要長篇大論。要以大段的故事與個人經驗，闡述你要表達的「重點」。要勇於適時發表「愛國」言論……
>
> 盡可能多說一些無關的主題……
>
> 訓練新進的工人，要給出不完整、錯誤的指示……
>
> 若有人提問，就端出長篇大論不知所云地解釋。

為了降低敵國的生產力與效率，打擊敵國士氣，進而在戰場上獲勝，這本指南教導間諜把事情弄得**複雜**。是不是跟我們的生活很像？

你若參與過職場、學校，或是社區的團隊，那你大概認識曾經使出以上這些奸計的人（說不定還吃過他們的虧），無論對方是有心還是無意。也許我們自己也曾是這樣的奸人。

我們若是不擅溝通，把要說的話搞亂搞複雜，就等於是以指南教導間諜破壞敵國的方式，破壞我們自己。所以我們溝通才會失敗。

複雜 vs. 複合

繼續討論下去之前，我們要先區別二個表面上看來意思一模一樣的詞：**複雜**與**複合**。這二個詞有個很重要的差異，一個是良性的狀態，另一個則是破壞的行為（見圖3.1）。

國際外交是複合的。你的 AirBnb 房東提供的入住說明語焉不詳，就是複雜的。

電腦晶片是複合的。讓一台印表機能運作，是複雜的。

企業合併是複合的。介紹你的公司有薪假期新政策密密麻麻的備忘錄，是複雜的。

這個世界的許多系統、物品，以及行動都是複合的。所謂複合，就是有許多部分，這些部分通常會以複雜的方式互相連結。人類的眼睛是複合的。理論物理學是複合的。機器學習也是複合的。世上許多最神奇的東西，無論是自然形成還是人造，本身就是複合的。

你的訊息並不是。

所謂複雜，就是本可以簡單的東西，卻是複合的。**複雜**是一個動詞，一種行動。所謂複雜，意思是太長、太累贅，太混亂。複雜會製造摩擦，因為複雜就代表未完。複雜的事物仍可運作，但卻相當吃力。你總不會希望你的訊息很吃力才能傳達。

我們經常容忍複合，因為許多複合的目標，都值

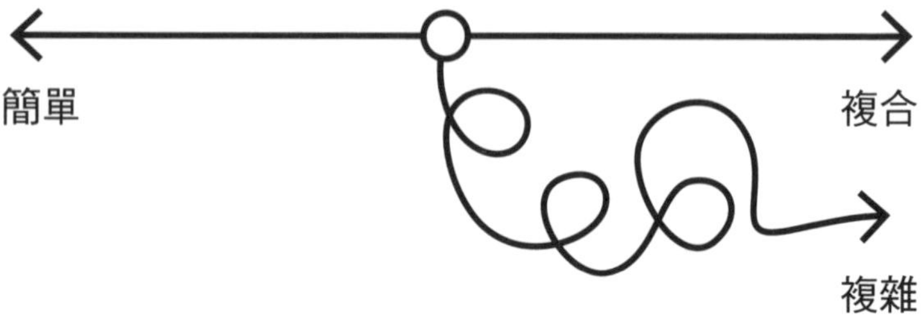

圖 3.1　複雜就是不必要的複合。

得我們容忍。彈鋼琴是複合的，但有些人甘願練習多年，因為能達成目的，是值得的。

有些人每天閱讀《戰爭與和平》，因為想享受偉大的文學。你設計的新款洗髮精廣告，或是你的年度股東會報告，並不符合這項標準。不應該是複雜的。

我們天生就有複雜化的傾向，複雜是一條好走的路

問題是，我們天生就有複雜化的傾向，而這是我們溝通時最大的缺點。我們會受到複合偏誤的影響，會傾向把構想複雜化。我們很喜歡這種複合性，因為雖說矛盾，但處理複合的任務，比處理簡單的任務容易。

複合性能讓我們專注在小事情上，把心思花在細節的細微差異，而不是一個整體的真相。一項任務若含有許多小部分，我們的注意力就要分散到很多地方。若是只有一件大事要處理，那想不注意到也難。

我們比較喜歡浪費時間講究文件的格式，比較不喜歡重新認真評估重要的構想。我們寧願細細閱讀每一則產品評論，找到最能緩解背痛的辦公椅，卻不去質疑

自己為何一天坐辦公椅八小時。我們寧願東扯西拉，不願直指重點。Farnam Street 有篇文章說得好：「在各種打或逃反應當中，複雜性偏誤是一種逃反應，是迴避一個問題或概念，認定它太難懂。你把沒那麼困難的東西想成那麼困難，就等於推卸了解它的責任[2]。」

我們的大腦會以許多方式，拉著我們走向並不好走、阻力最少的一條路。一九八九年，加州大學的希拉里．法里斯與羅素．雷夫林進行一項研究，要求參與者從圖 3.2 所示的幾組數字，找出關連[3]。答案其實很簡單，這些數字只是越來越高而已，但大多數的參與者卻沒發現，反而以複雜的算術，想呈現數字之間的關連。我們天生就會忽視就在眼前的簡單路線。

雷迪．克羅茲在著作《減法的力量》介紹他與同僚所進行的後續研究，主題仍然是添加偏誤[4]。在一場實驗，他們拿給學生樂高積木堆成的幾組結構，要學生改

圖 3.2　你從這些數字看出什麼關連？

變結構，使其不會倒下。每添加一塊積木，學生就要花費十美分，學生必須以最少的花費完成任務。最合理的解決方法，是拆掉一塊積木，但只有不到半數的學生這樣做。大多數的學生則是添加幾塊積木，支撐整個結構。

研究團隊要求參與者改變螢幕上的彩色磁磚的模式，改變度假計畫，重新設計迷你高爾夫球場，改變一道湯的食譜，創作一首歌曲，或是修潤一篇文章，也發現參與者多半喜歡添加，而不是減少。研究團隊無論從哪個角度研究，都發現我們的大腦會先促使我們添加，絲毫不會考慮簡化。

上升到意識層次，也會發現我們的誘因會促使我們走向複合與添加。在員工手冊新增一頁，在首頁添加一段文字，或是再寫一篇備忘錄，都是工作與努力的證明。而若是簡化或是略去這些，也就是減少，我們能拿出的證明就會減少很多。沒有東西就很難證明。

從生物學、社會學的角度看，我們都偏好增加，這是因為我們人類從古至今，多半在極度匱乏、不確定性極高的環境生存。我們不知道下一次遇見猛獁象會是什麼時候，不知道下一次能否豐收，也不知道自己的村莊，會不會被河的對岸的部落入侵。我們必須儲存、累積、增加物資，以備不時之需。增加最符合我們的利益。

擁有更多，才能在這個不平等又危險的世界生存。

雖說到了現在，我們仍然無法預知未來，但過去一百年來，在人類的努力之下，要預測未來容易多了，而且未來也豐富多了。

第一章告訴我們，當今最稀缺的資源，是我們的時間與注意力。身為二十一世紀的公民，我們面臨的最大挑戰，是應付爭搶我們時間與注意力的大量事物。當今的環境，與人類史上其他階段都不同。所以我們才不能被複雜的事物拖累。

複雜的三種罪過

在我們的案子，我們控告被告三項罪名。第一，複雜的訊息是自私的，是存心以發訊者為重，而且是意在隱藏不法行為。第二，複雜的訊息是怯懦的，發訊者大可隱身在訊息的內部與後方。最後，複雜的訊息很危險，不僅可能有損我們的荷包，甚至會威脅我們的生命。我們逐條討論這些罪過。

自私

我們若是又回到無謂的複雜這條好走的路，就是自私，就是把自己的舒適與便利，看得比收訊者的舒適與便利更重要。把訊息弄得複雜，就是不替對方著想，自以為收訊者有能力，也想要花時間、精神，搞懂你想說什麼。

如此混亂的溝通，造成的後果如果只是錯失機會，都還算不錯了。也許你浪費幾塊錢美元，刊登無用的廣告。但在比較嚴重的情況，這樣自私會害了所有人。

我們經常能看見複雜溝通的危害，甚至你現在看這本書，也許就是一種複雜溝通。在普通的一天當中，我們使用數十種線上服務，在搭乘 Uber 的路上滑著 TikTok 與 Instagram，到了辦公室又不時瀏覽 Slack、Dropbox，以及 Zoom。要使用每一個平台，都要簽署服務條款，通常是在初次設定帳號的時候，才會接觸到躲在勾選方格與一些小字後面的服務條款。我們只是匆匆掠過，但其實許多重要資訊，都藏身在這些條款裡，包括許多我們看了可能高興不起來的內容。以下只是眾多可疑的服務條款的幾個例子：

- 臉書可以在向他人顯示的廣告中，使用你的資料。

- YouTube 有權瀏覽你的過往瀏覽紀錄。
- Pinterest 有權瀏覽你的私人訊息[5]。

你只要打開其中一個服務條款，仔細閱讀，就會發現內容很長，真的**超長**[6]。一項針對各大平台的調查發現，Instagram 的服務條款共有二千四百五十一個英文字，是各大平台最短的。Tinder 的服務條款共有六千二百一十五個英文字。Spotify 則是八千六百個英文字。字數最多的是微軟，以一萬五千二百六十個英文字把使用者繞暈。僅僅要將微軟的服務條款全部看完，就得耗上一個多小時。要先等上這麼久，才能啟動 Word。你要展開數位生活，必須簽署許多服務條款。這些條款你若要一一看完，就必須挪出大約二百五十小時。最好多準備幾枝螢光筆。

掩蓋可疑勾當的不只是服務條款的長度，還包括用字遣詞的難易度。服務條款的易讀性分析發現，要有大學程度的閱讀能力，才能看懂大多數的服務條款，但美國人閱讀能力的中位數，比較接近小學六年級。這些每個人都不得不同意的服務條款，不只是隱密，還很冗長，而且難懂，也迫使我們放棄自己的權利與隱私。用這麼多手段搞這麼複雜，完全是出於自私，純粹是為了保護製造這些條款的公司，保障這些公司的獲利。

喬治・歐威爾曾寫道：「大量的拉丁文字，如柔軟的雪落在事實上，模糊了梗概，掩蓋了細節。清楚的語言的大敵，是虛偽[7]。」冗長、難懂，充滿無用堆砌的訊息是自私的，因為這樣的訊息是以發訊者為重，溝通的過程也只是浪費收訊者寶貴的時間與注意力。

怯懦

我們害怕的時候，就會把事情搞得複雜。我們不熟悉自己的東西，想藏身在文字堆成的高牆之後，也會把事情搞得複雜。我們暗自認為自己沒料，擔心別人會發現，也會把事情搞得複雜。

與客戶見面，若是大事不妙，那與其承認自己搞砸、不知道，還不如東扯西拉把時間耗完比較輕鬆。遇到這種情況，我們可能很想丟出幾個高深的字詞、無關的數據或參考資料，或是騙人的框架，以求擺脫困境。我在這方面有一些經驗。我常跟客戶會面，有時必須告知壞消息，或是面對不想面對的質問。在這種場面，感覺只要能吐出夠多的字，哪怕說的全是廢話，客戶也會覺得得到了答案。

訊息越複雜，意思就越不明確，收訊者就能自行解讀為自己想聽的話。在政壇，候選人是說話模稜兩可的慣犯。每逢選舉季，你就能在美國各地的庭院標牌，看見類似的言語：關於自由、家庭、社會、尊重的空泛老調。候選人只要說些模稜兩可的漂亮話，就不必在可能引發分裂的議題上明確表態。能怪他們嗎？候選人刻意發表模稜兩可的言論，選民，也就是收訊者，就能從這樣的訊息中，找出自己認同的內容。但這種言論只能算是一面鏡子，不能算是訊息，無法起到溝通、通知、說服的作用。

我們被逼到牆角，就使出塞滿行話的長篇大論與報告，其實也反映出缺乏安全感的心態。我們要是對自己的東西不熟悉，或是擔心自己不夠聰明，不夠能幹，就會以複雜的語言，掩飾自己的不足。我們覺得只要端出術語與首字母縮寫字，說不定聽眾會以為我們很專業。

「地位較低」的群體，比「地位較高」的群體，更常以術語掩飾自己所感覺到的不足。二〇二〇年一項針對學術論文的研究發現，在備受信賴的《美國新聞與世界報導》大學排名較低的學校的論文作者，相較於知名大學的論文作者，更常在論文使用不必要的複雜語言與首字母縮寫字[8]。研究人員也發現，大學生與企業管理碩士（MBA）班學生互動，不知名律師事務所的律師與知名律師事務所的律師互動，也出現同樣的現象。就連較小的機場，也比較大的機場更常自稱是「國際」機場。我們若是擔心自己不夠格，就會更用力標榜自己。

這種無謂的複雜訊息，妨礙我們追求知識與真理，害得我們無法信任專家與領導者，但在當今的「另類事實」時代，人人都會因此蒙受損失。科學文獻已經擁有資訊最密集，文字最難懂的罵名，而且值得信任的科學家當中，善於溝通者更是少之又少。

我為了寫這本書而研究、閱讀數百份研究報告與論文，所以我能體會其中有些的資訊有多密集，文字又有多難懂。有時候我覺得，那些作者簡直不想把自己的想法告訴別人。如果這真是他們的目標，那他們還不小心成功了：多達百分之五十的論文，除了作者與編輯之外，沒有其他人閱讀過[9]。

一九九六年，物理學教授艾倫．索卡爾想知道，這些研究報告到底有多少人看。於是他向一家文化研究期刊，投稿一篇文章。可是他的文章沒有嚴謹的研究，深度也有限，不僅塞滿術語，還通篇胡言亂語，題目是「超越界線：邁向量子重力的全新詮釋學」。期刊最終刊出這篇文章。在後來的幾年間，一批又一批的假文章也順利刊出，例如二〇二〇年就有篇文章主張，新冠肺炎疫情之所以爆發，是因為人類食用寶可夢超音蝠[10]。

這類文章的作者，多半是想揪出掠奪性的假學術期刊，但他們這樣做，也證明了語言確實能掩蓋真正的意義。在未來，我們要面對生成式人工智慧製造出的無數內容，想要從語言推敲出意義，只會更困難。

這種惡搞論文的作者為了戲耍學術期刊，所大量使用的「學術腔」，是各行各業為了不讓別人聽懂自己在說什麼，所發展出的眾多方言之一。美國聯準會說著含糊籠統的「聯準會腔」，讓人猜不透其心思。律師收取高昂的費用，幫客戶說「法律腔」。官僚打的是「官腔」。摩天大樓有一大堆穿西裝的人講「企業腔」。「心理咿呀咿呀」、「科技咿呀咿呀」通常跟嬰兒咿呀咿呀一樣深奧。文字本身往往不是重點，這些人只是需要聽起來像那麼回事的東西，把篇幅填滿。所以科幻電影編劇甚至會在劇本的初稿，寫下「科技人說科技話」，意思是回頭要請科學顧問寫一些聽起來煞有其事的東西，填補空白[11]。

煞有其事，這就是複雜化的祕訣。用複雜的言語營造出煞有其事的模樣，就不必對自己、也不必對溝通的對象負責。

危險

二〇〇三年一月十六日的凜冽早晨，三百八十萬磅的火箭燃料的引信點燃。哥倫比亞號太空梭就在重磅燃料的推動之下，緩緩升起，又迅速衝向高空。

歷經八十一秒的轟響，一塊二英尺寬的隔熱泡沫，從左側推進器的側面脫落，在墜落過程中，撞上太空梭的機翼。當時沒人注意到，但這塊泡沫以大約每小時八百公里的速度移動，擊中了太空梭的防護板，導致哥倫比亞號再入大氣層時，無法承受高溫。

哥倫比亞號進入軌道之後，美國國家航空暨太空總署（NASA）針對這次發射，進行例行檢討。分析師發現了脫落的碎片，一層一層向上通報。不久之後就成立了特別單位「碎片評估團隊」，確保太空梭安全，更重要的是七位太空人無恙。

七位太空人奮力執行為時二週的任務，地面上的分析師團隊，則是迅速分析數據。任何東西撞上太空梭的側面，當然都不是好事，但這次的事件，對於太空梭計畫來說並不是新鮮事。甚至在一九八一年，史上第一次太空梭升空，同樣是哥倫比亞號，也同樣發生泡沫撞擊防熱板的事件。後來在具有影像紀錄的七十九次任務當中，六十五次都發生了泡沫撞擊太空梭事件。所以這次事件絕對不稀奇，但美國國家航空暨太空總署仍想調查。這是例行作業。

美國國家航空暨太空總署的合作伙伴波音公司的幾位工程師，準備了幾份報告，共有二十八張 PowerPoint 投影片[12]。深藏在第二份報告第六頁第十四行的資訊，是這次事件不同於先前事件的關鍵，卻被人忽略：「飛行條件與測試資料庫的條件明顯不同。實際飛行的斜體體積為一千九百二十立方英寸，測試用斜體體積則為三立方英寸。」（見圖3.3）。

這到底是什麼意思？這幾句硬邦邦、術語一堆的句子，說的其實就是：他們測試過三立方英寸的碎片撞擊太空梭的影響，但撞擊哥倫比亞號機翼的泡沫碎片，體積比測試用的碎片**大六百四十倍**。

任何東西相差百分之六萬四千，都不會是小事，尤其是關乎太空。這句警語應該有人大聲喊出，卻埋沒在語焉不詳的文字之中，隱藏在枯燥無味的報告深處。這句話裡「明顯」的英文字 significant，在同一張投影片已經是第五次出現，而且每次出現，都代表不同的意義。投影片的標題不僅資訊密集，表達的意思還與投影片本身的內容互相矛盾。投影片的作者將要點排列成四層，同樣的度量以三種不同的

Review of Test Data Indicates Conservatism for Tile Penetration

- **The existing SOFI on tile test data used to create Crater was reviewed along with STS-87 Southwest Research data**
  - **Crater overpredicted penetration of tile coating significantly**
    - **Initial penetration to described by normal velocity**
      - Varies with volume/mass of projectile (e.g., 200ft/sec for 3cu. In)
    - **Significant energy is required for the softer SOFI particle to penetrate the relatively hard tile coating**
      - Test results do show that it is possible at sufficient mass and velocity
    - **Conversely, once tile is penetrated SOFI can cause significant damage**
      - Minor variations in total energy (above penetration level) can cause significant tile damage
  - **Flight condition is significantly outside of test database**
    - **Volume of ramp is 1920cu in vs 3 cu in for test**

BOEING 2/21/03 6

測試數據顯示，防護板被穿透的可能性應有所保留

- 用於製作 Crater 的噴霧絕緣泡沫撞擊防護板的測試數據，與 STS-87 西南研究數據合併檢視
  - Crater 嚴重高估防護板塗層被穿透程度
    - 初始穿透以正常速度表示。
      - 視拋射體的體積／質量而有所不同（例如三立方英寸為每秒二百英尺）。
    - 噴霧絕緣泡沫粒子較軟，需要大量能量，才能穿透相對較硬的防護板塗層。
      - 測試結果顯示，只要具備足夠的質量與速度，確實有可能穿透。
    - 反過來說，防護板若被穿透，噴霧絕緣泡沫會造成嚴重損害。
      - 總能量的微小變化（高於穿透所需的能量）會導致防護板嚴重受損。
  - 飛行條件與測試資料庫的條件明顯不同。
    - 實際飛行的斜體體積為一千九百二十立方英寸，測試用斜體體積則為三立方英寸。

BOEING 2/21/03 6

圖 3.3　「碎片評估團隊」的重點報告投影片。要傳達的重點是什麼？

格式呈現，然後才講到最重要的一點。

報告並沒有解釋這些數據為何重要，也沒有刻意凸顯、強調這項資訊，沒有使用清楚易懂的文字。這項訊息沒有溝通能力。

投影片的訊息應該要能讓人提高警覺，至少也該起疑。投影片不該以幾乎不知所云的「測試數據顯示，防護板被穿透的可能性應有所保留」作為標題，應該選擇「碎片撞擊的影響，是測試數據的數百倍，危險程度無法估計」。

可惜實際情況並非如此。測試的規模遠小於實際飛行，但工程師卻依據與實際飛行無關的測試數據，做出其他結論。負責指揮任務的官員看了報告，決定按照原計畫，讓哥倫比亞號返航。

負責決策的官員要是發現報告提出的警示，就能預料到這次事件的後果：擊中哥倫比亞號機翼的大塊泡沫，在太空梭的防熱板，留下十六英寸的破口，導致哥倫比亞號再進入大氣層時，難以承受三千度的高溫。

二月一日下午一點四十四分，哥倫比亞號啟程返回地球，從四十萬英尺的高空迅速下降。不久之後，感應器偵測到機身左翼的壓力異常。接著左輪的感應器，也偵測到溫度升高。哥倫比亞號飛到美國加州上空，有人看見碎片從機身飛落，機身也因為高溫與壓力而發出亮光。最後，在下午一點五十九分，地面指揮中心與哥倫比亞號失聯。哥倫比亞號在美國德州上方的午後藍色天空解體，七位太空人全數不幸罹難。

重要訊息沒有傳達清楚，導致七名太空人喪生。美國的太空飛行，也因此停擺將近二年。美國「太空梭計畫」也因這場災難而開始式微，在二〇一一年最後一次飛行。太空梭計畫的另一場致命災難，亦即一九八六年挑戰者號爆炸事件，也與溝通失誤有關。

而在與我們的生活較為相關的例子，百分之七十的民航事故，都與溝通不良有關。每五起醫療疏失案件，就有四起是由溝通不良所引發[13]。企業每年因為書面溝通不良，損失四千億美元。投資專家查理．蒙格曾說：「複雜的東西必然會有詐騙與錯誤。」溝通失靈一定會有受害者[14]。

上個世紀的另一位重量級企業領袖，也就是奇異的傑克．威爾許，是出了名的討厭雜亂無章的思考與溝通。他在如日中天之際接受訪問，嘆道：「缺乏安全感的經理人，會把事情搞複雜。緊張又膽小的經理人，會拿出疊床架屋的厚厚一本計畫書，還有密密麻麻的投影片，把他們從小到大知道的東西，全都塞進去[15]。」同樣在那次訪問，他做出與前面提到的研究相同的結論：「說來很難相信，但很多人就是做不到簡化，就是很害怕簡化。他們認為把事情簡化，別人就會認為他們頭腦簡單。但實際上當然是恰恰相反。頭腦清醒，意志堅強的人，是最簡單的。」

企業高層蜷縮在複雜的世界，會害得自己以及投資人損失慘重。把易讀與難讀的企業財報拿來比較，就會發現密密麻麻又不知所云的財報，通常來自市值較低的企業。在其他條件相同的情況下，可讀性每低於平均值一個標準差，公司市值就會下降百分之二．五，也會導致整體經濟損失數十億美元[16]。

無論用哪個標準衡量，沒能把訊息表達清楚，都會害了自己。

做到簡單

簡單的訊息只要操作得當，就能讓人啞口無言。這樣的訊息無可逃避，無法反駁。你聽完會說：「嗯，對。」沒有逃避的空間，還會讓人精神為之一振。你的大腦能把訊息理解得一清二楚，就會散發光芒。

綜觀心理學、生物學、歷史、文化、經濟與商業，就會發現我們能否充分發揮與他人連結，有效溝通的能力，關鍵在於簡化。在疏離與連結兼具的時代，簡化是我們能做的最有價值的事情。

但要做到簡單，可沒那麼簡單。我們會給自己阻力，扯自己的後腿，也害了所有人。我們剛才已經看見，凡事複雜化的傾向有礙我們與他人溝通，在過程中也會拖累每一個人。複雜化是我們故事中的反派。

這本書的後半部，要說明如何剷除複雜化這隻惡龍。我們要探討實現簡化的五項原則，也要了解哪些確實有效的方法，能逐一實踐這五項原則，追求真實、有效也有價值的溝通。我們要從最重要的一種心態轉變說起。

第二部

如何做到簡單

第四章
有益：直接打好洞，別給人電鑽

呃，我「灰常灰常安靜」有什麼好處？

——兔巴哥

嗶。嗶。嗶。

這是NBC電台播音員所說的「新舊徹底交替的聲音[1]」，來自一個在太空飛馳的金屬沙灘球。這是蘇聯史普尼克衛星的聲音，也是潰敗的聲音。

美國在太空競賽從起步就很艱難，在蘇聯於一九五七年發射第一顆衛星之後，更是節節敗退。宇航員尤里．加加林於一九六一年成為第一位造訪太空的人類之後，美國再度落後。

甘迺迪總統決心要趕上蘇聯，加加林返回地球才幾天，甘迺迪就發出緊急備忘錄，指示團隊想出解決方案：「我們有沒有可能超越蘇聯，例如在太空設置實驗室，繞行月球，或是派一個人搭乘火箭到月球，再回到地球。有沒有哪個保證能有明顯績效，能讓我們擊敗蘇聯的太空計畫？」

甘迺迪政府思索之後，選擇了最具野心的目標：派人登陸月球。但除了要搞懂那些難懂的火箭科學之外，還要解決另一個問題：缺乏政治意志。那年春季舉行的蓋洛普民調顯示，百分之五十八的美國人表示，並不想負擔太空計畫的龐大預算[2]。

甘迺迪一開始向國會介紹太空計畫，國會的反應不怎麼熱烈，這下要推動可就困難了。這位處境艱難的總統，才剛剛在總統大選險勝，又在豬玀灣歷經一場難堪的慘敗，能說服美國人支持太空計畫嗎？

隔年他再度推動。這次他在萊斯大學，面對人數**稍微**多一些的人群，也就是大約三萬五千人，介紹這個名符其實難如登天的計畫[3]。他在一場如今相當著名的演說，歌頌美國人的發現與探索精神，談到歷史性的一刻，最重要的是，解釋登月計畫為何如此重要：

我們在新的海洋揚帆啟航，因為要獲取新知識，爭取新權利，也必須得到，善加利用，才能促進全體人類的進步。因為太空科學就像核科學，也像所有的技術，本身是沒有良知的。未來會用於行善還是作惡，完全取決於人。唯有美國占據優勢，我們才能決定這片新海洋未來會是和平之海，還是可怕的新戰場……

但有些人覺得奇怪，為何要上月球呢？為何要把登陸月球，當成目標呢？這些人不妨也問，為何要爬上世界最高峰呢？為何要在三十五年前飛越大西洋呢？……

我們選擇上月球。我們選擇在這個十年上月球，還要做其他的事情，不是因為這些事情容易做，而是因為這些事情不好做。因為我們會為了這個目標，付出最佳的技能與精力。因為我們願意接受這項挑戰，不願意延遲。我們在這一次，還有其他的挑戰，都要勝出。

這段演說有其獨特之處，作為辯術，而且其實也是一種推銷手段，都非常有效。甘迺迪在演說的其他部分，談到火箭引擎、金屬合金，以及導引系統，也提到薪資與設備成本的詳細金額。但我們記得的並不是這些。讓全美人民熱血沸騰的，是甘迺迪所說到的好處，也就是登陸月球的原因。

登陸月球有什麼好處？第一，美國人民會得到「新知識」，獲得「新權利」，運用科學的力量「行善」。美國人民為了登陸月球計畫，將會「付出最佳的技能與精力」。但最重要的是，登陸月球代表美國人民會「贏」。當時的世界是一盤棋，由美國出戰蘇聯，最能動員全國人民的，莫過於成功的保證。

甘迺迪的訊息奏效，順利拿到預算。接下來的五年，美國將展開超過二百五十億美元的阿波羅計畫。這筆經費以現在的幣值計算，是超過一千六百億美元。因此阿波羅計畫是全世界有史以來最昂貴的計畫之一。一九六九年七月二十日，美國投入的大量經費、熱血，以及工程長才，總算有了回報，尼爾・阿姆斯壯與伯茲・艾德林成為第一批登上月球表面的人類，在月球插上美國國旗，象徵美國在太空競賽勝出。

好處為何重要

我們現在從月球返回地球。

我們從小學就知道，我們是透過五官的感覺，體驗這個世界。我們在地球上的生活，就是由看見、聽見、感覺到、聞到、嘗到的東西組成。天空是藍色的，打雷很大聲，夏季很熱，花很香，糖果很甜。人生真美好。

所以我們有事情想告訴別人時，預設的路徑就是留意五官的感覺，再把感覺形容給別人聽。我們用視覺觀賞新買的電視，讚嘆清晰的色彩。我們稱讚汽車的加熱座椅，也會讚賞新牙膏的薄荷香氣。

這些細節都是描述有形的事實，是敘述真實的世界。但我們若要發動別人採取行動，就不能僅僅依賴五官感覺，畢竟這些只占我們所需的一半。真正想動員別人，就要更深入挖掘點燃我們動機的力量。想做到這一點，原來並不困難，有一種祕密的公式，能設計出簡單有效的訊息，達成動員的效果。

在這本書的第一部分，我們了解簡單**為何**有效。而在第二部分，我們要深入探討**如何**做到簡單，要熟悉能做到簡單的各項工具。首先要討論的是動機。

電鑽

假設你在一家生產工具的大型公司上班。你每天進公司，走過工廠的裝配線，爬樓梯到自己的辦公室。你坐在辦公桌前，看見今天的第一項工作：為公司推出的最新款無線電鑽，設計一款廣告。

亮橙色與黑色相間的無線電鑽，就在你眼前的辦公桌上，附有大型電池組。你將它拿起，仔細端詳。這款電鑽的扭轉力更強，是工程團隊努力不懈的成果。你扣下扳機，感受得到強大的馬達旋轉。走廊另一頭的設計團隊，測試過幾百款握把，才找出最符合人體工學的一款。你寫下幾行筆記，把玩了幾分鐘後，用鍵盤打出：「SimpleDrill 3000 馬力增強百分之二十，全新矽膠握把超好握，電池續航力增至八小時，是居家修繕、專業營建的最佳伙伴。」文案看起來挺不錯的，就直接列印吧。

文案的內容一點不假。這款產品是史上最佳。但廣告文案爛透了。這種廣告文案的作者，顯然根本不了解大家買電鑽的原因。純粹只是開啟自己的感官，吸收幾項事實，增添一點文采，就會寫出這樣的訊息。

我們買電鑽，並不是為了更強的扭轉力，舒適的握把，也不是為了更長的電池續航力。

我們為什麼會買電鑽？大師級的行銷學教授西奧多．萊維特一語道破原因：「沒人想買四分之一英寸的電鑽。大家要的是四分之一英寸的洞！[4]」

全球各地的消費者，去年總共花了一百億美元買電鑽。但他們要的根本不是電鑽。他們要的是洞。

我們從五官得到的感覺，也就是電鑽的大小與外型、性能，以及功能，之所以對我們來說重要，唯一的原因是要有這些感覺，才能得到自己真正想要的。我們要的不是東西本身，而是東西能起到的作用。了解這一點，是設計簡單有效的訊息的第一步。

我們真正要的是什麼？

電鑽與洞的故事，凸顯出與我們的決策方式有關的一個基本事實。但凡別人要我們做事，無論是買某產品，投票給某候選人，捐款給某團體，甚至只是把一大包垃圾拿去倒，我們的腦袋都會浮現一個聲音：「這對我有什麼好處？」這個「我」有時是我們自己，有時則是我們的社會。這個聲音有時是尖叫，有時只是輕聲低語。

說到底，我們會做事情的唯一理由，是我們希望做了事情能有某種**結果**。我們所有的決策，追求的都是利益，而非特色。特色是我們五官的感覺。利益則是這些特色在我們的生活創造的價值。我們把利益當成訊息的重心，就能讓別人知道，為何應該在意我們的訊息。

世界頂尖的銷售人員，知道這個道理。世界頂尖的領導者，也知道這個道理。這個道理適用的範圍，可不只是五金店而已。

幸好我們只要思考一個簡單的問題，就能發現我們想推銷的東西的好處。這個問題就是：「那又怎麼樣？」這台電鑽的電池續航力更強。那又怎麼樣？這台汽車有加熱座椅。那又怎麼樣？這款牙膏有薄荷風味。那又怎麼樣？

電鑽的電池續航力更強，你就可以鑽更多洞才停下來充電。汽車有加熱座椅，你的屁股就可以烤得暖呼呼。牙膏有薄荷風味，你的口氣就會更清新。

這些特色現在看來，已經比我們先前提到的時候更生動，更有吸引力。但最懂得溝通的人是這麼做的：他們再問一次那個問題：「那又怎麼樣？」

電鑽的電池續航力更強，你就可以鑽更多洞才停下來充電，你也就能更快將全家的照片釘在牆上。汽車有加熱座椅，你的屁股就可以烤得暖呼呼，你也就能享受輕鬆舒適的車程。牙膏有薄荷風味，你的口氣就會更清新，第一次約會也就能給人好印象。

增加這些內容，我們就知道能享有哪些好處。這些特色並不僅僅是手冊上條列的重點，更是能讓我們人生更美好的關鍵。分析得更深入，就更能贏得認同。

我們將這二個層次，稱為**功能利益**與**情感利益**。第一層的功能利益，是你的產品會如何改變客觀的世界，也就是收訊者能得到什麼好處？第二層的情緒利益，是收訊者主觀的世界會如何改變。產品的特色能帶給他們什麼好處？他們的感覺如何？

我們看看另一個領域的例子，是很棘手的公共衛生領域。多項研究一再指出，攝取高熱量零食，也就是我們所謂的「垃圾食物」，不僅有害我們自身的健康，也有損整個社會的醫療基礎設施。研究估計，我們愛吃垃圾食物所造成的損失，高達每年五百億美元（不過我自己最愛吃的垃圾食物，安妮阿姨椒鹽捲餅，應該值得這個代價）。

既然代價如此高昂，那任何減少零食攝取的措施，都能發揮巨大的影響力。各國政府也努力引導人民少吃零食。美國費城的官員針對含糖量高的汽水課稅，導致攝取量平均降低百分之二十二。墨西哥也推出類似的稅制，含糖量高的汽水銷售量也因此大降百分之十二。考量到一般美國成年人每天攝取七十七克的糖（是建議攝取量的三倍），課稅的成效算是不錯[5]。

在二〇二二年的一項研究，牛津大學與劍橋大學的研究團隊訪問英國數千名受訪者，探討他們對於一項減少垃圾食物攝取量的假想政策的看法。這項研究的目的，是了解不同類型的訊息，對於民意支持度的影響[6]。研究團隊發現，訊息強調利益的程度，對於政策支持度的影響很大。

研究團隊對第一組受訪者，也就是控制組，只是介紹假想政策的內容，以了解基準支持度。研究團隊使用的提示，是「想像一下，政府打算推出新政策，將高熱量零食的價格提高百分之十，以減少國民的攝取量。」

百分之三十七的受訪者僅僅是聽見這項新政策，就表示支持。

研究團隊再把新政策包裝得稍微不同，徵詢另一組受訪者對於這項政策的意見。但在這一次，研究團隊也提到政策所能帶來的好處，也就是功能利益：「想像一下，政府打算推出新政策，將高熱量零食的價格提高百分之十，以減少國民的攝取量。研究顯示，新政策實施後，將減少國民的高熱量零食攝取量。」

研究團隊雖然增加了第一層的功能利益，支持度卻並未改變，仍然維持在百分之三十六。

研究團隊稍稍改變了一個地方，得到的結果就大為不同。他們對下一組受訪者，介紹這項政策的好處，總算談到了利益，選用三種不同的第二層好處的其中之一：「想像一下，政府打算推出新政策，將高熱量零食的價格提高百分之十，以減少國民的攝取量。研究顯示，新政策實施後，將減少國民的高熱量零食攝取量。（罹患癌症的人數，或美國政府或美國公共衛生局的支出，或環境損害）也會隨之減少。」

研究團隊一旦提到情緒利益，這項假想政策的支持度上升了整整三分之一，也就是有百分之四十八的受訪者支持。研究團隊提出另一種版本的訊息，這次提到全部三種利益，結果假想垃圾食物稅的支持度達到百分之五十四，穩居多數。沒想到區區更動幾個字，一個構想的支持度，就能從平平躍升至過半。在這個例子，垃圾食物稅的構想能拯救人命。同樣一個研究團隊，再度研究類似訊息的影響，不過這次的主題是限制酒類與肉類的供應量，而非加稅，也屢屢得到同樣的研究結果。研究團隊說明利益，而不是只說明特色，就能提高支持度。

我們究竟需要什麼？

剝開這前面二層，是個好的開始，但我們還沒觸及根本。我們必須了解，究竟是哪些欲望讓我們願意接受他人的行銷，才能看見祕密公式的全貌。

超過三億五千萬項產品在亞馬遜販售，我們看了可能會覺得，人的需求與欲望是無窮無盡的。無遠弗屆的網際網路接連創造奇蹟，帶給我們無窮無盡的選擇，但我們自始至終想要的東西，大致不脫五大類型。

心理學家亞伯拉罕・馬斯洛在二十世紀前半研究人類行為，對於人類行為的動機感到好奇。這個研究主題在當時堪稱新奇，因為在那之前，最普遍的心理學研究主題是疾病。馬斯洛後來談起精神分析學之父佛洛伊德，說道：「感覺好像佛洛伊德提出了生病的那一半心理學，我們現在必須找出健康的那一半，才算完整。」一九四三年，馬斯洛從全新的人文主義角度，研究人類行為動機之際，也提出所有社會科學領域最具影響力的概念：需求層次理論[7]。

你可能看過需求層次的模型，通常是以含有不同色塊的三角錐或階梯的形式呈現，如圖4.1所示。需求層次理論之所以出現在無數教科書與管理簡報，是有原因的：到現在仍舊有用。馬斯洛所提出的人類基本需求的理論，算是通過了時間的考驗（當然偶爾也會有些許調整，也會受到一些批評）。我們從需求層次理論的角度出發，就能了解某些訊息為何也能通過時間的考驗。

依據需求層次理論，人人都想在人生中滿足同樣的一些需求。我們在一生當中的需求，可以歸類為生理、安全感、歸屬感和愛、尊重，以及自我實現：

- **生理：**我們首先必須滿足生理需求，才能顧及其他。我們餓了就需

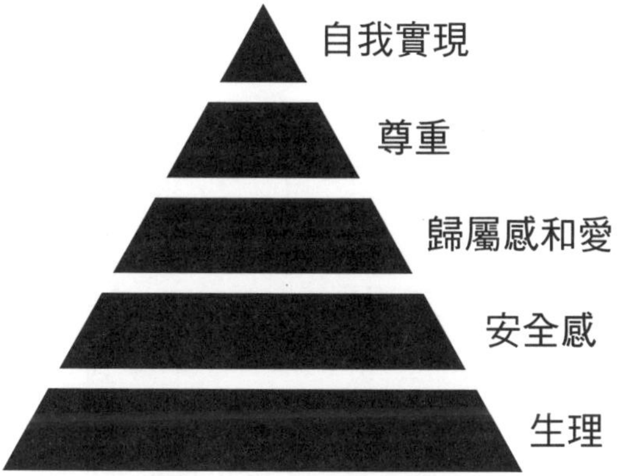

圖4.1　馬斯洛的需求層次

要食物，渴了就需要水，覺得寒冷就需要住所與衣服，累了就需要睡覺，還有，呃，欲火焚身的時候就需要性愛。

- **安全感**：我們會以各種方式保護自己，尋求安全感。所謂的安全包括健康、人身安全，情緒安全，以及財務安全。
- **歸屬感和愛**：我們正因為有這些需求，才具有人性。我們渴望得到親朋好友的愛，也渴望身為團體一份子的歸屬感。我們都在尋求親密、信任、接受與愛。
- **尊重**：我們對於尊重的需求，可以分為二類：我們對自己的評價，以及其他人對我們的評價。所謂對自己的評價，就是我們希望自己擁有力量、能力、精通技藝，也有成就。我們在社會上，也追求尊重、聲譽、地位，以及名望。
- **自我實現**：我們最高層次的需求，涵蓋的範圍很廣，包括與我們將潛能發揮到極致有關的一切東西。我們全力以赴，想實現偉大的目標，成就不凡的功業，自身有所成長，也以有創意的方式表達自己。這些目標可以很宏大，例如畫出西斯汀小堂，贏得諾貝爾獎，也可以很平常，例如做個好父母，或是學彈吉他。

一般而言，每個人大致都會按照這個順序，滿足各項需求，滿足了一項再進階到更上層。但這個過程，並不是像電玩遊戲那樣明確地一關一關往上爬，而是有可能稍微跳過某些階段。我們最常看見的需求層次示意圖，是金字塔的圖形，但馬斯洛本人卻從未以金字塔圖呈現。不過我們在這本書，只會關注馬斯洛提出的各層次的需求。

每一個最有效的訊息，說到底都是訴諸這些基本需求的其中一種，我們也才能釐清最後一層的「那又怎麼樣？」我們看看先前的廣告詞，分別滿足了哪些基本需求。

電鑽的電池續航力更強，你就可以鑽更多洞才停下來充電，你也就能更快將全家的照片釘在牆上，進而得到你所需要的愛和歸屬感。

汽車有加熱座椅，你的屁股就可以烤得暖呼呼，你也就能享受輕鬆舒適的車程。這就滿足了生理需求。

牙膏有薄荷風味，你的口氣就會更清新，第一次約會也就能給人好印象，得到尊重。

我們做到了。我們觸及了根本。歷經三個層次的思考，我們徹底了解這些特色的重要性。了解之後就能開始打造訊息。最擅長溝通的人，會使用一種簡單的模型說服他人，說出自己想表達的內容。我們稱之為「鑽探建造法」。

著眼利益

我們在這一路上的旅程，先是探討看得見、感覺得到的特色，再探索第一層的功能利益，以及第二層的情緒利益，最後來到基本需求。依照這個架構，就能打造一個清楚有力的訊息。最棒的是，你就算不是打造訊息的大師，也能依循這個架構。我們這就一起打造。

有利益與無利益的訊息範例

把一千首歌裝進口袋裡。——蘋果	這才是音樂想擁有的面貌。——微軟
一展長才的舞台。——美國軍隊	親愛精誠。——美國軍隊
睡得早，起得早，富足，聰明，身體好。——班傑明．富蘭克林	睡眠是一生健康快樂的關鍵。——美國心臟、肺臟暨血液研究所

先鑽探，再建造

要興建摩天大樓，必須先打好深深的地基，結構才能穩固。同樣的道理，我們也要了解需求，才能擬定訊息的**方向**。需求就像建築物的地下室，我們在地面上是看不見的。圖4.2的鑽探建造法，就是我們擬定方向的工具。

我們回到無線電鑽的例子。我們已經知道，無線電鑽要滿足的需求，是愛與歸屬感。我們不會把這句話放在產品包裝或是網站上，但了解這一點，就能掌握方向與基調，也就是感性。

我們了解能滿足的需求之後，就開始打造訊息。首先從下往上進行，處理每個層級對應的項目。我們的**鉤引**，也就是網站上的第一行字，演說的序言，或是廣告的標題，主打的是情緒利益。電鑽能帶來的情緒利益，是能將家人的合照釘在牆上。因此可以用「留存你的回憶」之類的話當成鉤引。

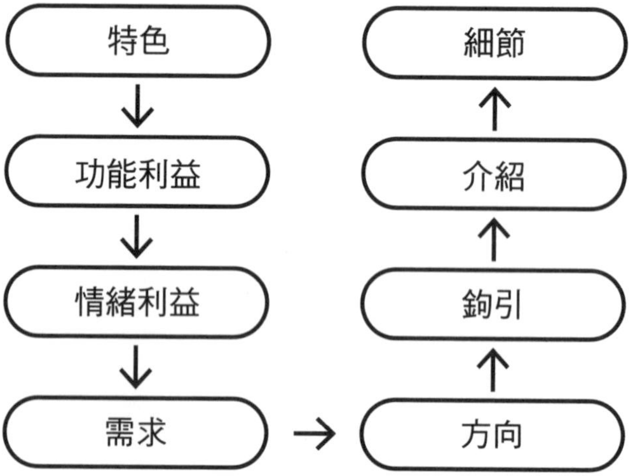

圖 4.2　鑽探建造法。

夠引能吸引受眾的注意力。一旦吸引到受眾的注意力，就要進入下一階段的介紹。在這個階段，要回頭強調功能利益，鎖住你的受眾。

我們先前提過，電鑽的功能利益在於電池續航力較強，你就可以鑽更多洞才停下來充電。這句話可以改寫成一段介紹，類似「SimpleDrill 3000電池續航力長達一整天，只要一個下午，就能搞定一整面牆的精采回憶」。

我們吸引了受眾的注意力，也說明了受眾能得到的好處，現在總算可以開始闡述**細節**，也就是特色本身。我們吸引了重要的人的目光，汰除了不重要的人，就有餘裕可以暢談重要的細節，強調電鑽電池含電量增加百分之二十，舒適的握把，以及更強的馬力。以鑽探建造法調整過後的訊息，不僅更有說服力，還能用於銷售許許多多的工具。看看圖4.3的「之前」與「之後」版本。

這二則訊息的其中一個，混雜了一大堆細節，而且只會與我們忙碌生活中其他的雜訊合而為一。另一個則是說明，為何大家會喜歡這款產品。你現在熟悉了這種模型，就會發現擅長溝通的人都在使用它。

但問題是，我們常常發現某些最大的企業，忘了這個簡單的架構。在這種情況，緊追在後，急於取而代之的競爭對手，就會趁勢而起。

之前

全新八小時
電池續航力

SimpleDrill 3000 馬力增強百分之二十，全新矽膠握把超好握，電池續航力增至八小時，是居家修繕、專業營建的最佳伙伴。

之後

鉤引

留存你的回憶

介紹

SimpleDrill 3000 電池續航力長達一整天，只要一個下午，就能搞定一整面牆的精采回憶。

細節

- 更強的八小時電池續航力
- 超好握矽膠握把
- 馬力增強百分之二十

圖 4.3　使用鑽探建造法之前與之後的訊息。

盯住目標，心無旁鶩

你的資歷越老，規模越大，就越有可能忽視孔洞，反而聚焦在電鑽上。業界以及其他領域的知名企業，很容易忘記自己何以擁有今天的地位，漸漸不太用心經營要傳達給客戶的訊息。他們大概認為：「喂，天底下還有誰不認識我們？何必費那麼多心思把故事講好呢？」

你若是來勢洶洶的挑戰者，那要打造有益的訊息較為容易，因為你比較有把故事講好的動機。我們這就看看幾家沒能把故事講好的品牌，以及幾家緊追在後，傳達的訊息也更為理想的品牌。

在二〇一〇年之前，眼鏡業是個停滯不前，且遭到壟斷的行業。生產、品牌與銷售，全都掌握在獨大的那一家手裡。後來 Warby Parker 異軍突起，推出多款時尚又平價的鏡框，以及便利的線上購物服務，徹底顛覆市場。這家公司就此在獨大的那一家的盔甲上，撕開不小的破口，也發展成市值數十億美元的企業，甚至從線上走入實體，開設超過一百五十家實體門市。在同樣遭到壟斷的產業，有數十家同樣想挑戰業界霸主，直接面對顧客的業者，也從 Warby Parker 的例子得到靈感。

Warby Parker 最大競爭對手是亮視點，隸屬於眼鏡巨擘羅薩奧蒂卡集團。看看亮視點網站首頁的這句訊息：「我們提供各種視力解決方案，照顧您的眼睛。歡迎前往門市與網路商店，選購多款優質鏡片與最新眼鏡系列。」優質鏡片與全新系列是很好，但你買眼鏡真的是為了這些嗎？

看看競爭對手 Warby Parker 是怎麼做的：「新買的眼鏡應該要讓你開心、美觀，而且不傷荷包。眼鏡、太陽眼鏡、隱形眼鏡應有盡有，你的雙眼就交給我們來罩。」是不是很動心？這段話把情緒利益挑明了說。我們到 Warby 買眼鏡，因為戴他們家的眼鏡，就會「開心、美觀」。

我們再看看很多人用眼鏡，花很多時間看的東西：試算表。Microsoft Excel 自一九八七年推出以來，可能是史上最成功的軟體產品，既是現代企業的支柱，也是教會團體、足球聯賽、研究學者，以及其他眾多用途不可或缺的工具。但 Microsoft Excel 已經成為我們的基礎設施的一部分，大家都已習以為常，微軟似乎也忘了怎麼行銷。

微軟在企業網站上，是這樣介紹自家最重要的產品。首先介紹銷售特色「訂閱 Microsoft 365 即可使用。」接下來是產品特色「更聰明，適合專家與初學者」。這些訊息並沒有透露產品的作用，也沒有說明跟你有何關係。

Excel很快就有了一群新競爭對手，其中最知名的，是二〇一二年問世的Airtable。這款產品包含許多當今世代的企業需要的試算表新功能，不過最大的優勢，還是在於簡單的訊息。開頭是這樣的：「連結一切，無所不能。無比強大的應用程式串連你的資料、工作流程，以及團隊，讓你發揮潛能，提升工作效率。」是不是一眼就明白產品的作用？

有趣的是，微軟並不是一直都這麼無趣。我們看看Excel的第一款廣告，一開頭就是「Microsoft Excel，新機器的靈魂」。接下來的文案，也列舉Excel的好處：「Microsoft Excel的妙用，超越古往今來每一款試算表。試算結果立即可得，令人驚艷。處理速度極快，不浪費一分一秒。Microsoft Excel具備的功能，能迎合你的需求，不會要你遷就它。」

時間與規模，會拉開發訊者與收訊者之間的距離。距離拉得越遠，好處就越來越不明顯，焦點只剩下特色。我們刻意思考自己的訊息為何重要，就能拉近與收訊者的距離。

我們在這本書討論的某些東西，看起來很像是廢話。你買這本書，並不是因為想要裝訂好的幾百張紙。你今天早上買咖啡，也很清楚自己要的是咖啡因帶來的快感，而不是只想要熱水倒在烘焙過的咖啡豆上。你看見圖4.3的「之前」電鑽廣告，可能會覺得「不對，誰會這樣講話。專業人士當然會表達得更好。」但廢話很容易被忽略，而且簡單的事情，真正做起來並不如看起來簡單，尤其是如果缺乏合適的架構。想了解結構化的訊息有多少未開發的潛力，只要看看亞馬遜網站上的無數產品中，人氣最高的幾款無線電鑽的行銷文案就知道了：

BLACK+DECKER 20V MAX 無線電鑽／起子在手，輕鬆搞定簡易居家修繕、DIY等大小工程。這款無線電鑽／起子造型小巧，可用於木材、金屬及塑膠材料。離合器可適用二十四種位置，避免螺絲釘螺紋磨損或鑽得太深，各項工程皆能控制自如。手把柔軟好握，從開工一路舒適到完工。20V MAX POWERCONNECT 可充電電池，甚至可搭配POWERCONNECT 系統的其他工具[8]。

我們可以做得比這更好。研究證實是如此，歷史證實是如此，現在你也知道該怎麼做。我們要的不是電鑽。我們要的不是孔洞。我們要的不是牆上的照片。我們要的是愛與歸屬感。電鑽只不過是通往愛與歸屬感的途徑。

請你做作業

- 檢視你現在發出的訊息。你的訊息是把重點放在利益，還是放在特色上？
- 收訊者收到你的訊息，人生在哪些地方會有所改善？你解決了收訊者的哪些難題？
- 你希望收訊者收到你的訊息之後，採取怎樣的行動？行動的步驟是什麼？
- 問自己「那又怎麼樣？」「那又怎麼樣？」「那又怎麼樣？」你在每個層次發現了什麼？哪個層次值得你努力經營？
- 針對你的訊息，進行壓力測試。收訊者最大的反對意見會是什麼？你會如何回應？

第五章 聚焦：對抗科學怪人構想

不可隨眾行惡。
——出埃及記

每個學期，我都會安排行銷課的學生組成行銷團隊，進行幾項分組作業。在第一項作業，學生必須合作，行銷某個我概略介紹過的品牌。我也請幾位專業行銷人員扮演客戶，提供意見，也選出最佳的行銷提案。

許多學生都提出很好的行銷提案。但我每一次都發現，這些大學生犯了老練的高級主管也會犯的致命錯誤：科學怪人構想。

在瑪麗．雪萊創作的全新類型恐怖小說，維克多．法蘭克斯坦博士發明了一種方法，能在沒有生命的軀體注入生命。他以這種方式，創造了一個活生生的人，也就是「生物[1]」。這位人造人是這樣的：

> 他的四肢比例勻稱。我為他挑選了漂亮的五官。漂亮！真漂亮！他黃色的皮膚，幾乎遮不住下方肌肉與動脈的線條。頭髮烏黑柔亮又飄逸。牙齒潔白如珍珠。但這些亮麗之處，與他淚汪汪的眼睛、乾枯的膚色，直條條的黑色嘴唇極不相稱，搭配起來簡直駭人。他那淚汪汪的眼睛，看起來幾乎與黯淡的白色眼窩同色。

法蘭克斯坦博士刻意挑選了好看的人體部位，但他把這些其實不搭的人體部位組合起來，成品卻是一個醜陋的怪物。每個部位「搭配起來簡直駭人」，個別是很好看，組成整體卻不能看。

但凡一群人一起構思，就會出現這種混亂的科學。有人提議要動用影響者，有人大喊「無人機」，還有人提議NFT、人工智慧，白板上也出現三個不同的主題標籤。眼看截止日期逼近，大家把所有東西拼湊在一起，最後的成品就是一隻有七個頭的怪物。

這樣是絕對不行的。

你不可能迎合每個人，也不可能同時表達二樣東西。想這樣做必然會失敗。

聚焦為何重要

科學怪人構想的問題，說穿了就是沒有焦點。你有一個很大的重點，別人就很難忽視。但你若把四、五個大重點塞在一起，別人就很難掌握重點。你每添加一些東西，已經存在的東西的焦點就會流失。我們的注意力是零和的，要注意的東西越多，每樣東西分配到的注意力就會越來越少，如圖5.1所示。

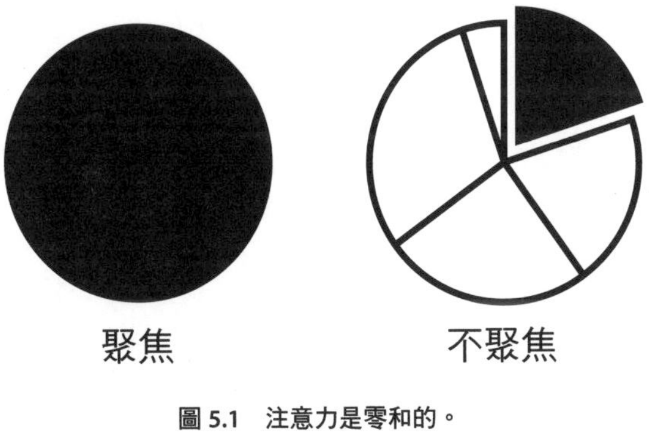

圖 5.1　注意力是零和的。

這種問題的後果，可不只是損失一點點效果而已。失焦是工程師所謂的**嚴重故障**，就是所有的東西同時壞掉。

你拿太多球玩雜耍，那會掉落的可不是只有最後一顆球。而是每一顆球都會掉落。你的訊息若是無法穿透冷漠的盾牌，或是無法達到臨界質量，那效果不會只是稍微打折扣而已，而是全然無效。我們的大腦，天生就是無法同時注意眾多資訊。對於幾乎所有人，精確地說是百分之九十七．五的人來說，多工作業是無法實現的神話[2]。除非我們是極少數逆勢而行的「超級多工作業高手」，否則注意力在多項工作或構想之間迅速跳躍，會變成每一項都沒能好好思考。

你的訊息若是沒有重點，收訊者的注意力就必然會分散，你的訊息也就完全無法傳達。有一句古老的諺語道盡這個道理：「同時追逐二隻兔子，到頭來一隻也抓不到。」

優先事項的英文字 priority 是單數的。你只能先專注在一個想法，而且說到底，你集中精神做一件事情，才能真正做好。我們無論是獨力作業，還是與人合作，若是想做這個，又做那個，還要做另一個，只會樣樣都做不好。專注是越來越困難的。

委員會會扼殺好構想

如果說維克多．法蘭克斯坦博士的科學怪人，是文學作品中最可怕的角色，那委員會在企業界，就是最可怕的生物。光是想到「委員會」三個字，就會想起點著日光燈的會議室、不新鮮的貝果，一個接一個的 Zoom 會議，以及螢幕連線不時故障的現象。真的是愛不起來。

據說作家吉爾伯特．基思．卻斯特頓曾說：「我去過世上每一個城市的每一座公園，從來沒找到紀念委員會的雕像。」相傳英國公務人員巴奈特．考克斯曾如此定義委員會：「委員會是條死巷，構想被吸引進去，再被默默勒死。」

研究顯示，集體研討的目的雖說是激盪構想與創意的火花，實際的效果往往恰恰相反。個人的產出無論是質還是量，往往都優於團體。而且越大型的會議，往往越無用。針對會議的人數與效益的關係的研究發現，會議人數一旦超過六或七人，整場會議所提出的構想就會達到上限[3]。內向的人很難表達意見，一個話多的人，就能把整個討論的方向帶歪。

別誤會我的意思，協作可以很重要、很美好，也往往如此，也曾在藝術界、企業界、科學界，以及人類耕耘的其他領域，催生許多驚人的成就。我們確實該具備協作的能力，這本書後面也會詳談與他人合作的重要性。但我們也要探討協作不當，也是很多人的通病，所造成的危害。

沒有目標，也缺乏領導的委員會，只會製造平庸與複雜。出色的簡單訊息被團體扼殺的機率，遠高於團體想出好訊息的機率。廣告怪傑大衛．奧格威曾說：「委員會可以批評……但千萬不要讓他們創作[4]。」

簡單的訊息因為與眾不同，需要勇氣才能提出。自己一個人要有勇氣，已經不容易了，一群人要有勇氣，更是難上加難，因為打安全牌才是看似最有利的選擇。團體會回到平庸路線，盡量壓低風險，把有趣的部分，也就是讓你的訊息得以奏效的精華部分，全都剔除。

減少是很痛苦的

「東西」有人擁護，而沒有東西則是沒人支持。無論是在董事會會議，還是在報社，我們都喜歡得意洋洋說出自己添加了什麼特色，建立了什麼橋樑，或是實現了什麼構想。但沒人支持「減少某樣東西」（見圖5.2），往往已經是最理想的狀況。而且這樣東西的擁護者，往往會捍衛自己的傑作與薪水，堅決不接受減少，所以要減少就更加困難。法務部門希望你的言論能避開風險、內部團隊希望廣告能呈現出他們的特色，執行長希望網站上能有自己的大頭照。大家要的都是添加，沒人想減少。

精簡你的訊息，本來就是件痛苦的事。精簡就代表要有所取捨，有些要留，有些要扔。這種痛苦包括內部與外部。我們不想「殺自己的寶貝」。我們的合作對象當然希望能留住他們的**東西**，會極力避免自己的東西被丟棄。這是自衛的本能。

要挺過這種痛苦，才能起飛。想打造有重點的訊息，你必須擁有定奪創意的權力，也要有遠見，必須了解如何發揮少即是多的藝術，最重要的是，你必須拿定主意。

圖 5.2　減少是沒有業績可以展現的。

做到聚焦

想做到聚焦，就必須做出選擇，要有所取捨，也要推銷自己的構想。要做到這些，通常不需要了解語言、圖像，以及結構的細微差異，而是需要了解人，以及人的動機。我們必須先成為聚焦的發訊者，收訊者才能接收到我們發出的訊息。

聚焦與無聚焦的訊息範例

花更少的錢，生活更美好。
——沃爾瑪

走進西爾斯，人生更精采。
——西爾斯百貨

隨心所欲。
——漢堡王

在家附近來頓美食。
——Applebee's

不相見，倍思念。
——諺語

不相見、溝通、友善、關愛，倍思念。
——非諺語

以「所以」取代「以及」

在追求簡單的道路上，首先要分清敵我：**以及**這二個字是敵軍。**以及**的範圍太廣，**以及**代表還有別的。你在規畫與思考的時候，應該避免使用**以及**，以**所以**取而代之。**所以**代表一個概念來自另一個概念，也代表你的偉大構想，與你實現的方式之間，有著直接的因果關係。

「我們的咖啡館要實施酬賓方案，以及推出一系列的收藏用咖啡杯。」是完整的句子，文法也正確，沒有什麼問題。我們的大腦聽見這句話，想道：「喔，對耶，有道理。」就擱下了。但我們把**以及**換成**所以**，再試試看：「我們的咖啡館要實施酬賓方案，所以要推出一系列的收藏用咖啡杯。」

聽起來是不是有點突兀？馬克杯跟酬賓方案到底有什麼關係？我們的大腦響起警報，覺得這二件事情其實無關。這很有可能演變成科學怪人構想。我們從頭開始，換一個比較理想的主意：「我們的咖啡館要實施酬賓方案，所以要開發一款手機應用程式，讓顧客累積點數。」

這樣就合理多了。這是一個不錯的構想，不是三個構想拼湊出的怪物。

將「我們要執行**甲構想**以及**乙戰術**」，與「我們要執行**甲構想**，所以要執行**乙

戰術」比較，如圖5.3所示。

以及就像我的祖父在修理東西時，把不見得相配的零件組合在一起，所用的膠帶與細繩。用一個**以及**，就能把很多不搭的構想組合在一起，而且看起來「應該可用」。科學怪人這種產物，就是用**以及**縫合的幾個人體部位。

所以則是會引導你思考。**所以**代表你必須在你說出的第一個想法，到第二個想法之間，建立一條明確的道路。你的訊息套用了**所以**之後，若是沒道理，那就是沒道理。

給自己找個老闆

搖滾樂是個殘酷的競技場。要想出人頭地，除了傑出的創作實力，還要有生意頭腦，才能妥善打理音樂生涯。

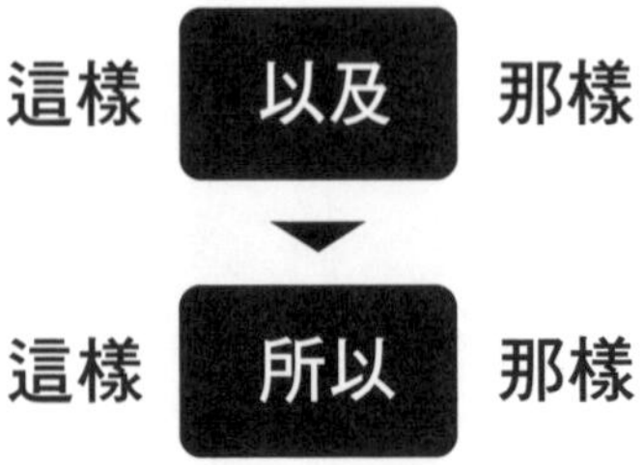

圖 5.3　把**以及**換成**所以**，測試你的訊息的連貫程度。

五十年來，布魯斯・斯普林斯汀堪稱史上最成功的搖滾巨星。這位來自紐澤西的葛萊美獎、奧斯卡獎、東尼獎、金球獎，以及總統自由勳章得主，名列歌曲作者名人堂以及搖滾樂名人堂。如今七十幾歲的他，演唱會門票依然銷售一空，每次發行新專輯，專輯銷量也稱霸排行榜。搖滾樂明星不少，但布魯魯魯魯魯斯（尖叫的樂迷經常如此稱呼他）搖滾天王的地位確實穩如泰山。

斯普林斯汀在二〇一六年出版的回憶錄《天生衝刺》，暢談他登上搖滾之顛一路上的諸多考驗。他的第一個樂團 Castiles 活力十足，卻也很混亂。團員之間幾乎任何事情都能起衝突，動不動就被警方拘留。他們在本地俱樂部表演，成績不錯，甚至還出了單曲，但內部如此混亂，終究無法維持。說到底，樂團的搖滾樂手太多，領袖太少。

幾年後，已經單飛一陣子的斯普林斯汀，開始組建他現在所稱的「驚心動魄、興奮脫褲、大受歡迎、轟動全球、跳電臀舞、吃威爾剛、翻雲覆雨、一代傳奇的 E Street 樂團！」但這個新樂團與 Castiles 不同，他並不只是樂團的**一份子**，這是**他的**樂團。他說起組團經過：「我從一開始就知道，我要的不只是單飛，但也不想變成一人一張選票的民主樂團。我經歷過那種樂團，覺得不適合我。搞民主的搖滾樂團，往往只會變成定時炸彈，很少有例外[5]。」

布魯斯・斯普林斯汀的綽號叫「老闆」，也是名符其實。他主導整個樂團。樂團是他的創意藍圖，誰加入、誰退出是由他作主。他必須確保樂團運作一切正常（搖滾也要有聲有色）。他有了名氣，卻也要承擔隨之而來的責任。

太多組織缺乏這種主導權。我的課堂上，向來扁平的學生群體，很容易落入這種陷阱，但遠在課堂之外的許多協作也是如此。任何團體若是沒有領導者，沒有一個大家商定的決策流程，也沒有一個人承擔成敗的責任，一旦發生摩擦，就很容易陷入混亂。這種混亂就是聚焦的敵人。

脫離亂局的最好辦法，就是要有人握有創作的定奪權。有時候一群人確實有可能達成共識，但大多數時候，最後總得有一個人有權力定奪，看著亂糟糟的一堆構想，把沒用的扔掉，畫一個又大又胖的圓圈，將最好的構想圈出。

決策是艱鉅的任務，而且沒人會感謝你。在決策的過程中，難免會有衝突的時候，而身為決策者的你，只是在自己的背上貼了一個大靶，等著團隊成員來打。而且大概除了你青睞的那群人之外，其他人都被你得罪。承擔決策的責任雖然痛苦，卻是發展出聚焦的好構想的必經之路，值得努力。

有創意的作品與能用的構想之所以誕生，幾乎都是因為我們與社會、團隊，以及周遭的人合作，受其影響的關係。天底下沒有「孤單的天才，在與世隔絕的環境創作」這種事，這種情節只存在於想像。但每一次成功的協作，絕對少不了編輯這一道超級無趣的環節。什麼都想要，就不可能會有好作品，團隊必須要有一個人負責取捨。

團體需要的領導者並不是獨裁者，而是協調者。一個手握決策權的好老闆能組織眾人，引導眾人將潛能發揮到極致。

指示要明確

第三章告訴我們，我們天生就會要更多、做更多。我們遇到開放式問題，第一個直覺就是添加元素，以達成自己的目標。這個元素就是實驗室實驗的樂高與彩色積木，也是我們業界的文字、投影片，以及網頁。

雷迪．克羅茲的著作《減法的力量》提到的研究，發現了一種萬無一失的解決方法：只要告訴大家可以減少，就行了[6]。在調整樂高積木結構的研究中，研究團隊只要多說一句指示，讓參與者知道也可以移除積木，動手移除積木的參與者人數，就增加了百分之二十。研究團隊再進行同類型實驗，這次是請研究對象設計一款假想的迷你高爾夫球場，結果移除積木的研究對象大增百分之二十七。一句溫和的提示「嘿，也可以減少喔。」就足以徹底改變我們的思考與行動。

我們聽見他人明確表示可以簡化，就更容易想起「簡化」的概念。所謂**可得性偏誤**，是我們想起想法、記憶，或是概念的輕易程度。如果你上週末才去健行，那別人請你推薦一種運動，你就會傾向推薦健行。如果你是幫被告辯護的律師，那你接受民調訪談，就更有可能表示，你所居住的城市犯罪率很高。在這些例子，你的大腦很容易想起健行與犯罪，這二項的可得性較高。我們越是容易想到簡化，就越有可能以簡化解決眼前的問題。

告訴別人可以簡化，讓他們明白聚焦的重要性，他們就更有可能選擇簡化與聚焦。有了這個選項可以選擇，其他的一切就容易多了。

弄懂政治

我們暫時先回頭談談「老闆」。斯普林斯汀喜歡在演唱會上，說他的那句簡單的智慧之言：「除非每個人都贏，否則沒有人贏。」

這位「老闆」這句話談的，是建立公平正義的社會，而不是企業的決策，但道理是相通的。爭取別人支持你的想法，支持往往很痛苦的簡化過程，基本的指導原則就是讓每一個人都贏。這是政治的入門課。

每一個你必須說服的利害關係人，都有不同的動機。有些動機確實有道理，例如執行長希望在董事會面前拿出成績，董事會希望公司股價上漲。有些動機與公開宣示的任務較無關連，例如開發者希望更新應用程式的過程能更簡單，經理希望達成重要的業績指標，以利爭取升遷。有些動機則是與公開宣示的任務完全無關。有時候你們公司的行銷長，對競爭對手的高級主管恨之入骨，或是廣告文案寫手相信某個字詞能帶來好運，想要寫在文案裡。你作為推動變革的人，要負責了解形勢，努力讓每個人都覺得有利。

有些人可能不太願意這樣做，不喜歡「玩政治」，這樣的人並不是異類。人力資源公司 Robert Half 進行的一項調查顯示，百分之四十三的員工寧願「完全不涉及政治鬥爭[7]」。但無論喜不喜歡，政治鬥爭都會存在，你參不參與都會受到影響。但凡一群人一起做事，就會有不同的動機，也會有政治。政治只是走過這些水域的過程。

奧美副董事長羅利・薩瑟蘭整個職業生涯，都在向世界上最大的幾家客戶，推銷創新（有時候是瘋狂）的構想。他在著作《奧美傳奇廣告鬼才破框思考術》，談到這些往往不合邏輯、甚至違反直覺的概念的神奇之處，也解釋優質的構想獲得青睞的祕訣：「要記住，企業或是政府的決策者最在意的，往往不是結果很成功，而是無論結果是什麼，他們都能為自己的決策辯解[8]。」

大型組織的大多數人，只想要有藉口，能向老闆、選民、股東解釋自己的決策，想看到明天的太陽，也希望自己的背上不要有箭靶。想推銷可怕的新想法，也就是聚焦又「減少」，就要允許他們冒險。

給他們看看這本書，或是你的書架上其他書所介紹的研究與範例。引用數據或是專家說法，證明你的論點。提升你的資歷，爭取上中下游利害關係人的支持。所謂簡化，就是減少能隱藏的地方，但要達到這個境界，必須先帶給所有人安全感。要做功課，與大家交流，爭取支持。

決定

你完成了這些，授權給領導者，擺好桌子，也搞定了政治，但還要克服最後一項難關，你的訊息才會聚焦：做出最終選擇。你坐在那裡，電腦螢幕上的選項甲與選項乙凝視著你，你必須做出決定。

你不想做出錯誤的選擇。也許你正要更新你們家網站的首頁。網站一天有成千上萬名訪客，是你的品牌在他們心目中的重要門面。也許你正要批准數百萬美元的總統大選競選開銷。事關重大，簡直無法拿定主意。哪一句口號最合適？怎樣動員才有用？

很難做到百分之百有把握。但有一種選擇，無論在什麼情況都是錯的，那就是不做選擇。

無所作為與優柔寡斷，只會把一切搞得混亂、複雜，看似討好每個人，其實做出來的東西根本沒意義。完成才是王道。要做出選擇，也要接受自己的選擇。伏爾泰曾說：「至善者，善之敵[9]。」在行銷、企業經營，總之在任何涉及溝通的領域，沒有「完美」這回事。接受「良好」，趕快起跑，比坐在起跑線，不敢踩油門強得多。

訣竅的一部分，就是做出決定。寧願全心全意經營一個簡單但平庸的構想，也不要笨手笨腳實踐科學怪人構想。真實世界與瑪麗・雪萊的想像世界不同。在真實世界，無論用多少伏特的電壓電擊那個醜陋的生物，它都不會醒過來。

就像先前說的那句諺語，同時追逐二隻兔子，到頭來一隻也抓不到，美式足球教練間也流傳一句老話：「隊裡有二位四分衛，等於一位也沒有。」要選定一個選項，才能加入戰局。沒有決斷，沒有確立，是不可能成功的。

但我們選定的選項，萬一大家不喜歡怎麼辦？那很好。喜歡與不喜歡之間的距離，比冷淡與熱愛之間的鴻溝短得多。大家就算不喜歡你的東西，討厭你的訊息，至少他們在乎你，在乎你的構想。能讓別人從冷漠到關注，已經成功了一大半。

紅牛能量飲料請人試喝的成績向來慘澹，卻還是成為世上頂尖飲料品牌之一，擁有一批忠實支持者。艾菲爾鐵塔被人說是「蓋了一半的工廠輸送管，一個骨架，等著有人拿砂石、磚塊填滿血肉，一個漏斗造型的烤架，一個千瘡百孔的栓劑」，如今卻是世上最多人造訪的古蹟[10]。你下定了決心，就會得到支持。

與其要傳達你拼湊出來的五個不怎麼樣的概念，真的還不如主打一個你深耕的核心概念。說到這個核心概念，還要告訴你一個不怎麼光彩的祕密：核心概念就算沒那麼好也沒關係！即使是平庸的構想，只要操作得當，也會勝過混雜成一堆，沒有貫徹到底、也沒有統一主題的一流構想。只要聚焦，你的訊息就會更好。

請你做作業

- 你在追逐幾隻兔子？數一數，你的訊息有多少？**以及**可以拿掉幾個？
- 你的訊息有力，對哪些人有好處？若是維持現狀，對誰有好處？該怎麼做，才能讓支持維持現狀的人，轉而支持有力的訊息？
- 你的訊息的收訊者若是只能感受到一種情緒，那會是什麼？
- 增加有多容易？減少有多容易？你該怎麼做，才能更為平衡？

第六章
顯著：限制孕育了創意

我把這個弄得比平常更長
是因為我沒時間弄得更短

——布萊茲．帕斯卡

「迪克說：『看，看。抬頭看。抬頭，抬頭，抬頭看。』珍說：『跑，跑，跑，迪克，跑。要跑也要看。』」

二十世紀中葉的無數學生，小時候幾乎都看過迪克與珍這對兄妹的故事。一度有多達百分之八十五的美國小學，採用這套書作為教科書[1]。

很多人看過，但沒人愛看。《生活》雜誌批評這套書「索然無味的插圖，描寫別人家的孩子光鮮亮麗的生活……整套書說來說去，不外乎就是超有禮貌，超愛乾淨，簡直不像正常小孩的男孩女孩。」無論是學生、父母還是教育人士，一致批評這套書無聊、乏味，甚至有偏見到了無可救藥的地步。這種迎合白人中產階級口味的書，號稱要點燃兒童對閱讀的興趣，卻以失敗收場。

要說誰的作品絕對不會被嫌無趣，那非希奧多・蓋索莫屬。他就是全球兒童與資深兒童熟悉的蘇斯博士。六十幾本著作銷售超過五億冊，所以他應該是有史以來，影響最多兒童的人。我這輩子看的第一本書，就是他的作品，你很有可能也一樣。

與蘇斯博士合作的出版社，實在受不了迪克與珍，也受不了當時那些索然無味的入門童書，鼓勵他寫一本「讓一年級學生欲罷不能的故事！」這位多產的作家接受挑戰，甚至更進一步，給自己設下限制，只用兒童讀者必須認識的幾百個單字寫這本書[2]。

這項挑戰可不輕鬆。蘇斯博士整整辛苦了一年半，最後寫出了一篇探討混亂、權力，以及淘氣的經典故事，僅僅用了二百三十六個不同的英文單字[3]。這個故事完全不同於迪克與珍的精緻郊區夢幻居家生活，《戴帽子的貓》就這麼誕生了，而且一炮而紅。

《戴帽子的貓》出版後不久，蘇斯博士朝著同樣方向繼續努力。出版社與他打賭五十美元，認為他不可能以同樣的幾百個單字當中的僅僅五十字，寫出一本書。這次打賭真是看走眼了。蘇斯博士又勞心勞力一年，於一九六〇年發表同樣稀奇古怪的《綠雞蛋與火腿》，也是他迄今最暢銷的書，使用了正好五十個單字。

蘇斯博士為自己的創作設下限制，得以寫出漫長生涯中，最成功的二本獨特作品，也啟發了幾個世代的兒童。他走一條與眾不同的道路，因此創造出與眾不同、令人無法忽視的作品。

蘇斯博士在人生的最後階段，回顧自己的豐功偉業，感到洋洋得意。他說：「我覺得我做過最快樂的事，就是消滅迪克與珍[4]。」給自己的創意一些壓力，就能擺脫一成不變的老樣子，打造令人無法忽視的訊息。

顯著為何重要

簡單的訊息很顯著，就是與眾不同的意思。顯著的東西與周遭相比，顯得格外突出，截然不同，所以會引起我們注意。

我們對於周遭環境的感知，多半受到顯著的東西影響。而之所以顯著，並不是因為訊息或物品本身，而是訊息、物品與環境的差異。我們必須能區別人物與背景，才能看見、聽見、理解周遭的世界。

你坐在教室裡，要是有一顆迪斯可球突然發亮，你馬上就會注意到。但你若是在夜總會，就算迪斯可球開始旋轉，你大概連眼皮都不會眨一下。反過來說，你很快就會注意到有人在夜總會看書，大概不會注意到有人在學校看書。出現在海灘上的派克大衣會啟人疑竇，泳衣出現在滑雪坡上，也是怪事一樁。在商業提案使用俚語，既新奇又能吸引目光，就像把約會的自我介紹資料做成 PowerPoint 一樣。

如圖 6.1 所示，我們會注意、通常也會選擇與眾不同的東西。過去十年間，一整個類型的書籍登上暢銷排行榜，在一堆大家都看膩了的探討勵志與商業術語的書籍當中，顯得格外突出。這些書籍包括：馬克．曼森的《管他的》、珍．辛塞羅的

《你是個混蛋！》，以及蓋瑞．約翰．畢曉普的《別耍廢，你的人生還有救！》。這幾本書的書名有髒話，新奇又引人注目，能讓讀者感到好奇，就贏得了第一眼的注意力。加密貨幣平台Coinbase於二〇二二年播出一檔極其簡單的美式足球超級盃廣告，慢慢跳動的QR碼，在一片喧鬧的景象中格外顯眼，吸引太多觀眾掃描，導致應用程式當機。（但二〇二三年錦標賽電視轉播的每一檔廣告，都使用同樣的招數。成千上萬本書籍，也拿髒話當作書名，對比所凸顯出的顯著效果也就消失了。）

達到顯著的最佳方式，是做其他人沒做的事。而要做與眾不同的事，最好的辦法是依循與其他人不同的規則。這就是限制所能帶來的神奇創造力。

圖 6.1　動作快。你能看出哪隻魚與眾不同嗎？

我們偏好對比

有時候融入是件好事。各種動物若能融入，就不會被飢腸轆轆的捕食性動物吃掉。融入對於軍人與間諜來說，更是一種不可或缺的專業能力。融入的本事夠強，甚至可以避免在脫口秀表演被表演者挑中。

但我們想溝通，並不是要達成這些目的。我們希望我們的廣告、口號，或是安全警告，能在一片雜訊與眾聲喧譁中顯得與眾不同。我們希望有人聽見、看見、理解，這才是最大的重點，讓訊息得以從發訊者順利傳達給收訊者。而唯有與眾不同，形成對比，才能有效溝通。

我們每天都處於繁忙的環境，所以更容易注意到不一樣的事物。比環境中的其他東西更大或更小，更大聲或更小聲，更明亮或更黑暗的東西，會吸引我們的目光與注意力。科學家做過幾起實驗，給研究對象看變造過的照片，再以專門的攝影機，追蹤研究對象的眼球移動，或是安排幾位聲音相似的人同時說話，請研究對象辨識出其中一位。這些研究的結果，與你從自己的生活經驗推敲，認為應該會有的結果一樣[5]。對比與感知之間，是直接正相關的。

我們天生就會比較偏好對比度較高的物體與細節。如圖6.2所示，比起瞇著眼睛仔細看，物體若是較為突出，我們的大腦就更容易察覺，也會在潛意識產生各種良好的感覺。我們認為對比度高的圖像更好看，產品說明文字若是很模糊、很難看清楚，我們購買的機率就較低[6]。訊息必須夠顯著，才有效力。

對比的敵人

只要曾經凝視著空白畫布，或是默默閃爍的游標，就會知道那一大片地方代表的不是自由，而是幾乎把人壓垮的無限。導演奧森．威爾斯曾說：「藝術的敵人，就是缺乏限制[7]。」

圖 6.2　我們天生就比較喜歡對比度較高的東西。

若是沒有限制，我們的創意就會落入老套的窠臼，會寫出以前寫過的廣告詞，或是一篇每週末都會重彈的老調佈道。心理學家羅伯特．西奧迪尼稱之為**無腦播放**現象，意思是說我們遇到一個情況，挑選與這個情況類似的記憶「影帶」，然後直接按下播放鍵，讓影帶嗡嗡播放，不必費心思考，只要照著熟悉的劇本演出就好[8]。

但好的限制能帶來一種刺激，還能形成一道牆，將例行公事擋在外面，迫使你選擇不熟悉的新道路。也許是另一個地方的小街，也許你開創了一條全新的路。總之，尋常的路是一堆無用的千篇一律，新的路線卻能引導我們走向截然不同、富含新意，甚至讓人拍案叫絕的新構想。要走比較少人走過的路。

給自己增添障礙，還有另一項好處。你讓自己受到別人並未受到的限制，就能做到別人做不到的事。棒球員在熱身的時候，在球棒增加「甜甜圈」，也就是配重環，等到了本壘，揮棒速度就會更快。美式足球員拖著降落傘練習衝刺跑，在比賽時被後衛追逐，就能跑得更快。有阻力才會更強大。受到限制，才能鍛鍊創意。

一個有限的世界

最後要說到我們面臨的終極限制：我們的人生。斯多葛主義有 memento mori 的概念，也就是拉丁文的「記住你終將一死」，提醒我們要把握時間。我們這個時代最偉大的藝術家，最有權勢的領袖，以及人格最值得欽佩的人，全都終將一死。我們在世上的時間是有限的，所以才有意義。一切都是短暫的。

了解我們的生命是有限的，也就能了解其他的一切。天底下沒有無限量的時間與注意力。我們都會錯過大多數的東西，沒有看完所有想看的書，沒有看完所有該看的電影，想去的地方也來不及全都去過，就要離開這有限的生命。所以做到簡化，就等於了解生命有限。

除了生命之外，我們所做的一切也是有限的，例如我們先前探討簡化時所提到的字數、播放時間，以及廣告尺寸這些小事。我們沒有時間，也沒有空間把想說的話全都說盡，所以我們必須挑選有用的訊息，捨棄無用的訊息。我們也必須知道要凸顯哪些內容，當然不可能全部內容都凸顯。

接受必須遵守的，或是自己定下的限制，就會迫使自己創造可能的藝術，將我們眼中的不可能化為可能。我們不再心存幻想，不再以為時間、資源、機會是無限量的，就會務實思考我們的作品所涉及的利害關係，創造出與眾不同的構想與訊息。

做到顯著

我們會從三個領域，探討如何運用限制的力量，打造更為顯著的訊息：空間、時間，以及選擇。這些限制對於創作來說，都是正面的壓力，能迫使我們走出了無新意的窠臼。

限制空間

有則（大概是虛構的）傳說是，以文字簡練聞名的作家海明威，曾在一次午餐接受同行的挑戰，以短短一句話，講完一個感人的故事。他的故事輕鬆獲勝：「出售，從未穿過的全新嬰兒鞋。」

顯著與不顯著的訊息範例

香菸一天奪走一千二百條人命。可曾想過放假一天不吸菸？

——事實

要思考，不要抽菸。

——菲利普莫里斯

想都不要想在這裡停車。

——紐約市政府交通局

週一至週五，早上八點至晚上七點禁止停車。

——紐約市政府交通局

笨蛋，問題在經濟。

——比爾·柯林頓

不要中途改換團隊。

——老布希

這則簡短悲傷的故事，雖說不見得是海明威本人寫的，卻是許多人眼中限制條件寫作的最佳範例。故事只有簡簡單單幾個字，就有幾位主角，一個開頭，一個中段，一個結尾，還掀起了各種各樣的情緒。故事若是有六十字、六百字、六千字，絕對不會有如此強大的力量。言簡才能意賅。

二千年前的古羅馬典籍《致赫倫尼修斯的修辭學》至今仍有人提起。這本書將言簡意賅稱為 brevitas，亦即以短短一句話，表達巨大的意義，「以最少的重要字詞表達[9]。」

空間的限制並非囚籠，而是一種框架。這種限制是一種強迫機制，迫使我們做出決策，決定哪些該刪，哪些該留。而我們做出的決策，就會展現出限制的美與價值。

但並不是每一項空間限制，都跟文學小說、人生建議一樣高尚。推特現在惡名昭彰，淪為惡臭氛圍的糞坑，但也曾經是社群媒體時代言簡意賅的價值典範。在推特推出的第一個十年，每一則推文不得超過一百四十字。會有這種技術限制，是因為推特源自簡訊。

這種限制衍生出全新的溝通文化。使用者略去了現在已經不需要用的形容詞與冠詞，把母音去掉，讓單字更短，以斷斷續續的句子，陳述事實與回應。最有意思的是，受到這些限制的用戶發揮巧思，發明幾種線上討論的基本工具，我們至今仍在使用：整理相關內容的#主題標籤、以@使用者名稱提及其他帳號，以及引用其他推文的轉推功能。推特於二〇一七年，將推文字數限制放寬一倍到二百八十字。

用戶一開始並不滿意，後來才覺得是個比較理想的限制。但如今的推特玩弄各種變革，包括將字數上限放寬到數千字，限制的神奇壓力也就消失了。

我們能使用的字數、長度，或是畫素若是有限，就會找到有創意又有效的方式，善用有限的資源。這也正是三行俳句、十四行詩、五行打油詩的精神。在明確的空間限制條件之下，我們不必自己花腦筋思考格式，可以將全部的腦力用於經營內容。

限制你的時間

帕金森定律是一位二十世紀海軍史學家發明的，一句半開玩笑的格言：「工作會擴張，以填滿能用於完成工作的時間。」我們能拿來做一項工作的時間越多，就越久才會完成。不知為何，有一種神奇的現象總會發生：預計一小時的會議，哪怕開場十五分鐘就已解決問題，最後還是會耗一小時。我們若能減少預留的時間，不僅能節省珍貴又有限的時間資源，還能有最佳的工作表現。

但這項建議也附帶警告：要掌握好分寸，不能太多，也不能太少。如圖6.3所示，創作的壓力有個我們最能適應的範圍，也就是**中度**的壓力。

我們在自己的生活中，也能看見這樣的例子。一個案子的截止日期若是在很久以後，我們就會覺得不必急著處理，可以等到遙遠的以後再處理。沒有立刻處理的必要，我們就不會立刻處理。我們也有可能開始著手，做出第一份草稿，然後就會想太多：「也許我還沒抓到重點。也許我該再做些研究。也許我該再編輯一下。」繩子要是夠長，我們就很有可能拿來吊死自己。

我們也有可能走向另一種極端：「糟了，那份簡報客戶一小時後就要。沒時間想新東西了。沒時間想什麼構想了。只能複製貼上，不然就拿範本交差好了。」我們有非做不可的事情，卻缺乏時間與資源去做，就會進入求生模式，也就缺乏雕琢傑作的養分。

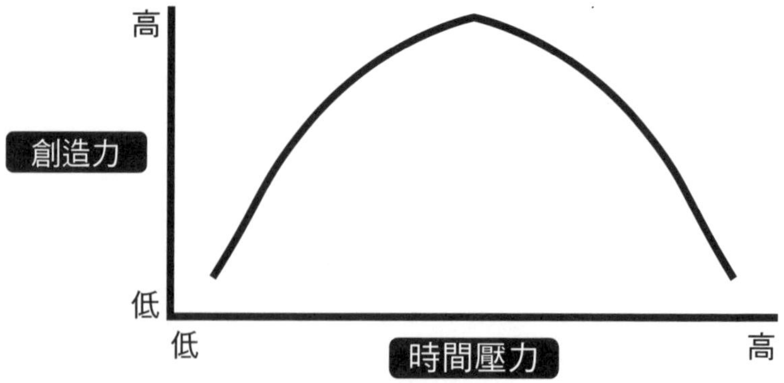

圖 6.3　中度壓力最能激發創造力與生產力。

除了無法顧及品質之外，還有數量的問題。多位學者研究我們生成構想的速度，發現有個同樣的規律，如圖6.4所示[10]。我們一開始火力全開，創造力一發不可收拾。白板很快就寫滿。便利貼四處飛舞。對話會互相重疊、延續。等到蓄積的構想爆發完畢後，我們的創造力立刻放慢速度。大約過了五分鐘後，我們差不多達到極限。構想不會耗盡，但想出構想的過程越來越吃力，把精力用在別的地方，或許還比較理想。

你可以逆勢而為，開一場又一場漫長、乏味的會議。你也可以收割你的創造力，繼續做下一件事。若是不滿意，可以等到大腦油箱重新加滿油之後再回來。

如果輸入的時間過長，效益會遞減，那產

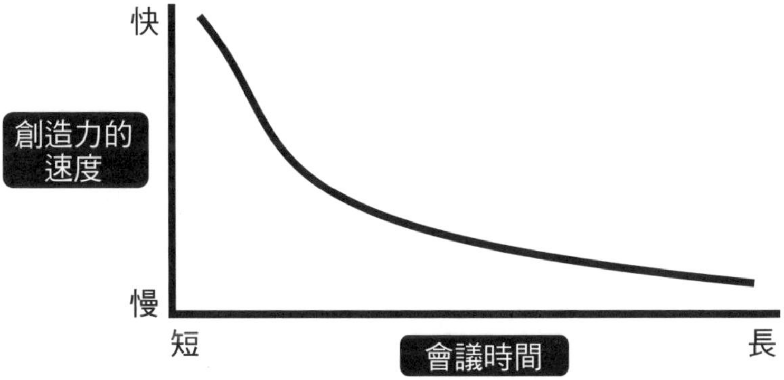

圖 6.4　趁你的創造力還新鮮的時候趕快收割，然後回來再做一次。

出的長度太長，效益遞減的問題則是會嚴重十倍。

教堂通常不是個講究簡練的地方。小時候的我，每逢猶太新年與贖罪日，會想盡一切辦法，不要到猶太會堂做四小時的禮拜。（身為成年人，我也不喜歡陪伴妻子的家人到他們的天主教教會，參加沒完沒了的復活節禮拜。我討厭的是冗長的儀式，不是針對哪一種宗教。）無論是哪一種宗教，在這樣的聚會，睡著的人往往遠多於探索內心的人。沒想到在二〇一八年，竟然是教宗方濟各大聲說出沒人敢說的話：「我們看過多少次在講道的時候，有人睡覺、聊天，或是跑到外面抽菸[11]？」

教宗認為，冗長曲折的佈道，說到底就是自私。是以發訊者為重，而不是以收訊者為重，而且更不是以他們應該實踐的信仰為重。教宗說，傳道的人「必須意識到他們不是在做自己的事，而是傳道。」教宗也提出解決方案：「拜託，簡短一點……千萬別超過十分鐘！」教宗的用字遣詞很有現代感，但簡練的概念並不是新產物。五百年前的另一位宗教領袖馬丁．路德，也有同樣的想法：「我要是有時間重來一遍，我的講道就會簡短很多，我知道我講得太長了。」

我們的生命有限，在有限的生命中能發揮的注意力，更是有限。不尊重收訊者的時間，收訊者就不會尊重我們的訊息。

限制你的選擇

串流時代來臨之後，節目再也不必受到播放時間表的限制。但在此之前，電視台一季的節目，通常有二十集以上。有時間需要填滿，要有內容才能填滿時間。但製作公司的預算仍然有限。

要以有限的預算，製作能填滿檔期的內容，製作人通常必須依靠所謂的**低成本劇集**。這種劇集只使用少數演員與場景，說穿了就是製作團隊現有的資源，盡量壓低製作成本。也許是幾個角色被鎖在辦公室裡，困在電梯裡，或是聚焦在一場晚宴。

這種在種種限制之下，以有限資源做出的劇集，卻往往是整個影集最經典的劇集。類似的經典之作包括《歡樂單身派對》的「中餐廳」，劇中的幾位人物在餐廳等候座位，越等越不耐煩。還有《廣告狂人》的「行李箱」中，二位同事佩姬與唐恩在公司熬到深夜，想突破工作上與情緒上的瓶頸。這些劇集的編劇追求深度而非廣度，不用昂貴的場景與明星客串，發揮前所未有的一流創造力。

在我們現在的時代，限制條件很少與技術有關。不過，要說近代史上創意受到限制，還能大放異彩的最佳例子，莫過於電腦革命的初期。科技突飛猛進，你在購買或是閱讀這本書的過程中，幾乎一定會使用到一台遠比僅僅幾十年前的超級電腦強大的電腦。

在第一款的《超級瑪利歐兄弟》遊戲，記憶體極其有限，所以開發商只能用同樣的插圖代表雲朵與灌木叢，但這種藝術風格已成為經典，將近四十年後的今天，我們還可以買到類似風格的商品。幾年後，超級任天堂的音效晶片記憶容量，只有六十四千位元組，比你現在透過串流讀取的MP3，還要小一百倍[12]。這些早期電玩遊戲的配樂，當初製作的過程受到不少限制，創作必須有所變通，如今卻享有超高人氣，世界各地的交響樂團與管弦樂團都經常演奏。我們現在回覆訊息，以及在社群媒體上使用的GIF動圖，是程式設計師為了因應早期電子郵件服務供應商的嚴格限制，不得不壓縮圖像，才得以問世[13]。

早期程式設計師握有的處理能力與記憶體有限，因此不得不仿效另一位一九八〇年代偶像馬蓋先的思維。馬蓋先屢次身陷險境，卻只用迴紋針與牛皮膠帶就能輕鬆脫險。創作者受到種種限制，必須思考哪些一定要留，哪些可以捨棄。現在的科技遠比以前接近無限，而創作者善用每一行程式碼的壓力，也已消失在浩瀚的科技之中。

最厲害的平面造型設計師，是以白紙黑字開始設計。最厲害的介面設計師，會先以逼真度較低的線框模型模擬。你的構想若是管用，訊息若能讓人印象深刻，那即使在最簡樸的情況，也照樣能奏效。你的核心概念周圍的那些垃圾，都只是裝飾而已。

不過我們也可以想想這些限制的反面。受到必須做出**更多**選擇的壓力，反而也可以縮小選擇的範圍。往另一個方向走：寫下一百個口號，設計一百個橫幅，為你的書想出一百種書名，這些都遠遠超出你的創造力極限。你若是必須完成如此大量的產出，就不能只做簡單的事。你一開始想出幾個構想，就已用光所有好走的捷徑，後來就必須踏入不熟悉的創作領域。尋常的另一面，就是新穎、奇特，不一樣的東西（見圖6.5）。

我們很容易被新工具、大筆預算、亮麗的玩具牽

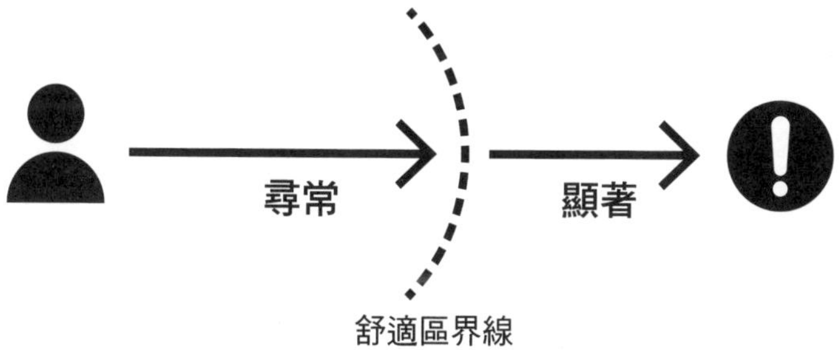

圖 6.5　顯著往往就在尋常的舒適區之外。

著鼻子，沿著迂迴的道路，走向複雜。但這樣的道路，往往只會讓你離想表達的核心訊息越來越遠。而且走這條路，需要增加工作量才行得通。你給自己限制，走不一樣的路，就能打造與眾不同的訊息。

請你做作業

- 你最喜歡，最常使用的創作工具是什麼？例如一款軟體、一種措辭，或是一種開會模式？少了這項工具，你還能不能創作？
- 看看你的競爭領域。其他人是否依循某種語言、風格，或是其他慣例？你能不能打造一則與這些趨勢背道而馳的訊息？你能做哪些與眾不同的事情？
- 你能不能用一頁介紹完你的構想？能不能用一個段落？一個句子？一個字詞？
- 給自己設定時間限制。在限制時間內，你能以幾種方式，表達你的訊息？
- 試試不一樣的東西。押韻怎麼樣？不能用E這個字母怎麼樣？只能用圖片怎麼樣？只能用一個音節的單字怎麼樣？模仿尤達説話怎麼樣？

第七章
同理：願意接受開明的白癡

五歲的孩子都知道這個。
去叫人找個五歲的孩子過來。

——美國喜劇演員格魯喬．馬克思

尚—路克．畢凱上校的工作可不輕鬆。在我向來最喜歡的電視影集《銀河飛龍》，畢凱上校與艦上的人員在每個禮拜的菁華時段，搭乘星艦《勇往號》在銀河系飛馳，與外星人碰面，拯救地球。

在整個影集人氣最高的一集，也就是「達馬克」，我們的《勇往號》團隊遇上另一艘星艦，是一群叫做塔馬利亞人的難搞生物，出了名的難溝通。科幻作品裡的宇宙翻譯器派不上用場，長得像蜥蜴的塔馬利亞人每次與《勇往號》的人員通話，各方都很沮喪，因為根本無法溝通。緊張情勢上升，防護罩升起，危機開始醞釀。

看過那一集的人就會知道，塔馬利亞人使用的語言，完全是以寓言為基礎，也就是整個語言都是內行人才能懂的暗語。塔馬利亞人的艦長說：「達馬克與賈拉德在塔納格拉。」這話說的是塔馬利亞的文化中，一群戰士聯合對抗共同的敵人的故事。他說：「坦巴，張開雙臂。」是暗喻慷慨的意思。「沙卡，牆壁垮掉。」則是一則關於挫敗的故事。塔馬利亞人說的任何話，都有他們自己的文化與歷史典故。畢凱上校與《勇往號》的艦上人員後來總算在緊要關頭，破解了這種模式，連忙說出地球版本的寓言「吉爾伽美什與恩奇都，在烏魯克。」以及「茱麗葉，在她家陽台上。」在千鈞一髮之際化解危機。

這一集非常精采，但也凸顯了二十一世紀許多溝通的問題。與世隔絕的群體，可以發明自己的一套，以比喻與典故為基礎的語言，外人即使使用神奇的翻譯器，也不可能聽懂。只要參加過企業的會議，就會知道這種場合會有一道首字母縮略字組成的字母湯，還有一大份術語。這種內部語言對於團隊的工作與溝通有益，在一場對話，說「KPI」當然比說「關鍵績效指標」快十四倍。但拿內部語言與外部人士溝通，注定會失靈。

發訊者與收訊者之間要能有效溝通，必須要能互相理解，也要有共通的語言、價值觀，以及經驗。我們必須真心誠意同理收訊者，才能達到這種層次的連結。

同理為何重要

我們運用同理的力量，願意接受「**開明的白癡**」，就不會在虛構世界被光炮攻擊，也不會在現實世界搞砸推銷。

誰是開明的白癡？開明的白癡不是一個人，也不是特定的一群人，而是每一個走出自己的泡泡的人。

白癡二個字聽起來很刻薄，也確實是現代人常用來罵人的話，但在這裡卻是一種善意的稱呼。白癡的英文字 idiot 來自古希臘文，意思是「凡人」，並不是指智商有問題的人。至於開明的英文字 enlightened，則是不受錯誤資訊與偏見影響的意思。開明的白癡是我們努力的方向。

開明的白癡能代表除了你之外的所有人。他們不在你所處的環境裡，也不在你的腦袋裡。開明的白癡聽不太懂你在說什麼，而且坦白說，大概也不太在意你在說什麼，不會比你自己更在意。他們既有你的老闆的忙碌與冷漠，也有你家上幼兒園的孩子的那種親切的無知。換句話說，開明的白癡就是你的受眾。

每個人都會有當開明的白癡的時候，就像每個人總有當專家的時候。如果你是傑出科學家吉爾，要在TED發表演說，介紹基因組學研究的最新進展，那排練的時候，最好請會計部門的傑克在台下聽講，看看能聽懂多少。如果你是明星註冊會計師傑克，打算舉辦一場網路研討會，主題是大學教職員該如何製作支出報告，那排練的時候請吉爾發表意見，收穫會遠勝於請教那些跟他一樣，滿腦子都是試算表的同事。吉爾與傑克都有高學歷，但這並不重要，他們二人都能擔任開明的白癡。

圈外人能讓我們看見自己先入為主的想法，還能帶來全新的構想，帶領我們走出無知的泡泡。圈外人能看見我們看不見的，也知道我們不知道的。他們的觀點對我們有益，能啟發我們。

你並不是受眾

現在要告訴你一個不得不接受的事實：你不是收訊者。你的生活與他們不同，你要的也不見得是他們要的。你的知識、經驗，以及價值觀，是他們所沒有的，反之亦然。

短短十幾年，臉書、LinkedIn 之類的社群媒體平台，做到了人類史上前所未有的事情，串連了世界各地的眾人。城鎮廣場現在有整個地球那麼大，多元思想的市場在這裡蓬勃發展。

等一下……越來越多的研究顯示，我們不但沒有加入全球討論，還建立自己的同溫層。二〇一五年一項臉書好友關係的研究指出，平均而言，自由派臉書使用者的臉書好友當中，只有百分之二十是保守派。而保守派的好友當中，只有百分之十八是自由派[1]。隨著 TikTok 普及了「為您推薦」的演算法推送模型，這種隔絕現象更為嚴重。其他研究發現，我們越是停留在社群媒體同溫層，越有可能誤以為其他人不僅是政治立場與我們相同，連人格特質與社會動機也一樣[2]。我們理論上接觸得到所有人，但卻很難接受事實：我們的經驗、態度與能力，並不見得與所有人相同。

這些例子就是心理學家所謂的**錯誤共識效應**。簡言之，我們認為別人的意見與特質與我們相同，而且我們就能代表受歡迎、正確、正常的東西。但事實往往並非如此。

一九七七年，學者李．羅斯、大衛．格林，以及潘蜜拉．豪斯在一系列的基礎研究中，首度提出錯誤共識效應的概念。這些基礎研究每一項都證實，我們很不擅長以直覺判斷其他人會怎麼想，怎麼做[3]。研究對象面對研究人員提出的問題，例如是否針對超速罰單提出異議，是否同意參與本地超級市場廣告片的錄影，以及要分配哪一種家庭作業給課堂上的學生，通常會認為很多人會做出與自己同樣的選擇。在另一項研究，研究對象認為其他的研究對象，會與自己同樣喜歡同一款麵包、同一部外國電影、訂閱同樣的雜誌，甚至會認為自己接觸外星人的機率，比正常機率還高[4]。

從最近的一項研究，也可看出我們的判斷很容易出錯。在這項研究，研究人員問研究對象，一個理智的人，是否會將自己解鎖的手機，交給研究人員，結果只有百分之二十八的研究對象說會[5]。大多數的人應該會認為，是瘋了才會把解鎖的手機交給別人，畢竟我們的財務資訊、訊息，以及照片，全都在手機裡。但研究團隊請同樣一批研究對象，將解鎖的手機交給自己，卻有超過百分之九十七的研究對象照做。這再一次證明，我們幾乎不了解自己，也幾乎不了解別人。我們的生活就像圖7.1所示。

我們之所以常常判斷錯誤，背後有許多原因。我們來往的、共事的對象，通常很像我們自己，社經程度與教育水準都非常相似。所以我們經常相處的同類，生活方式與觀點可能都很類似。這種傾向稱為**同質性**，包括年齡、性別之類的人口特質，也包括職業與興趣。這種同質行為當然可以是刻意為之，但多半是其他上游因素，例如地理位置或家庭關係所造成的良性結果。無論如何，我們都必須意識到，同質性對於感知的影響。

我們也要考慮到自己花**最多**時間相處的對象，也就是我們自己。我們最熟悉自己的想法與行為，

圖7.1　我們生活在自己的泡泡裡。

面對不清楚、不確定的情況，也傾向依據自己的想法與行為判斷。此外，我們往往覺得自己的意見與行為是正確的，所以會懷抱偏見，看待周遭環境。認為自己是對的，所要耗費的認知能力，比認為自己是錯的更少。正如孟德斯鳩曾寫道：「三角形要是有個神，他們也會給祂三個邊。」

每個人都有偏見，也必須接受這個事實，才能改正。我們的觀點與知識，如果只有內部人士才能懂，又沒有向外人說明清楚，外人就無法理解我們想表達的訊息。我們要避免成為自己的絆腳石。

泡泡必須打破

鐵錚錚的事實是，美國企業界幾乎完全是單一栽培，由中高所得、大學學歷的白人男性主宰。換句話說，美國企業界百分之六十一的高階主管為白人男性，《財星》雜誌前五百大企業當中，只有六家企業的執行長是黑人[6]。企業界的女性升遷較少，離職率更高。從事工程或技術工作的女性，有將近三分之一是公司唯一的女性。同溫層，同溫層，同溫層。

一直待在同溫層，對每個人都不利。我們的團隊對於溝通的方式，若是沒有多元的看法，就會做出恐怖的廣告。艾希頓．庫奇化妝成亞裔人，操著尷尬的寶萊塢口音，宣傳 Popchips 洋芋片。或是H＆M服飾公司拍攝的宣傳照，一位年輕的黑人男子，身穿的運動衫印著「叢林裡最酷的猴子」。這些現在已經是瞎到出名的廣告，在發表之前都有幾百人看過，卻沒有一個人踩煞車。你的團隊如果像這個世界一樣多元，而不是一堆同類，就不可能發生這類慘劇。

除了道德問題之外，無論從哪個角度看，團隊多元化都是一件好事。較為多元的企業也較為創新、較有生產力，獲利能力也較高。每四位員工，就有三位比較喜歡在多元的團隊工作[7]。我們思考大多數企業溝通的目標，也就是刺激成長，多元化的好處就更明顯。最多元化的公司，提高市占率的機率高出百分之四十五，斬獲新市場的機率，甚至高出百分之七十[8]。打破泡沫的報酬很高，留在泡沫裡面，則是要付出慘痛的代價。

多元化之所以如此有益，原因就跟我們在第五章探討聚焦時所提到的，簡化能大幅增加溝通效益的原因相同：可得性偏誤。有更多樣的意見與經驗可供參考，而且唾手可得，我們就更有可能加以運用。若是一直停留在同溫層，身邊盡是外表、行為、思考都跟我們一樣的人，那不僅對自己有害，對受眾也有害。

做到同理

要在溝通過程中懂得同理，就要走出自己的泡泡，從收訊者的觀點思考。要做到這一點，就要與受眾互動，吸收多元的觀點，也要改變我們內部的思考模式，遠離危險的假設，邁向真正的連結。

用其他人測試你的訊息

你很容易相信自己是對的。你經常傾聽內心的聲音，解讀內心的聲音想表達的內容。你覺得自己的可信度很高，是因為你本就相信你自己。

除了你自己之外，其他人不可能比你還能解讀你自己的想法。你的訊息必須走出你的泡泡，進入世界，否則你不會知道，你真正想傳達的意思，究竟有無傳達出去。這就說到同理心工具箱裡，最顯而易見，卻也最常被忽略的工具：用其他人測試你的訊息。

有同理心與無同理心的範例

你想留住哪幾顆牙齒，就用牙線清潔那幾顆。

——我的牙醫

現在的你比四年前更富有嗎？

——美國前總統雷根

絕對、一定要隔日送達。

——聯邦快遞

要用牙線，牙菌斑才不會在牙齦下方堆積。

——我以前的牙醫

經過考驗，值得信賴的團隊。

——美國前總統卡特

小棕能為你做什麼？

——UPS

用其他人測試你的訊息，是這整本書中最簡單的策略，但也有可能是最被人忽略的策略。我們往往很怕徵詢別人的意見，因為意見也許是負面的。負面的意見難免讓人不自在。但我們必須克服這種不自在。

徵詢意見這件事，甚至發展成一整個產業。行銷研究公司與民意調查機構雇用成千上萬名員工，舉行焦點團體與意見調查。也許你就曾經受邀。我有許多朋友從事這個行業，我對他們沒有不敬的意思，但大多數人並不需要這些。

我們可以從小規模做起。從公司的另一個單位，找一位開明的白癡過來幫忙。從你的朋友當中選出幾位符合條件的受眾，寄電子郵件給他們徵詢意見。以少許的經費進行線上調查，甚至也可以運用各種線上工具，花小錢就能舉行小型的測試版廣告活動，蒐集受訪者的意見。只要做這些小規模、不科學的研究，你就能超越那些不敢徵詢意見的人。

我們在第五章說過，「完成就是王道。」只要找幾個（與你的受眾類似）人，徵詢他們的意見，你所做的就已經比其他人多。你也許還記得以前數學課上教過的，只要方法正確，不必訪問一大堆人，也照樣能了解一個團體。美國最大民調機構蓋洛普，多年來依據只有一千名受訪者的民意調查，以分析美國三億三千萬人的特性[9]。你只需要少數幾位開明的白癡，就能判斷你的下一次行銷活動是否有效。

扶植新創企業的傳奇公司 Y Combinator，曾經協助 Airbnb、Reddit，以及 Dropbox 發展成市值數十億美元的帝國。每一年都有數百位企業家竭盡全力，爭取這家公司的青睞。Y Combinator 的創辦人之一保羅・葛蘭經營一個頗具影響力的部落格，發表的文章始終左右科技界的風向，也是想獲得 Y Combinator 扶植的企業家的必讀聖經。對於想爭取 Y Combinator 青睞的企業，他的第一個建議是什麼？他說：「說說你從使用者身上學到什麼？從你的答案，可以看出很多事情：你是否注意使用者，你有多了解使用者，甚至可以看出使用者有多需要你製造的東西[10]。」

不跟使用者溝通的企業，只會一蹶不振。想溝通卻不與受眾交流，也是死路一條。

做這種研究，有一點應當留意：測試或是使用焦點團體，可以得知一種策略是否有效，卻無法了解該朝**哪個方向**前進。人們並不知道自己要什麼，據說人們會想要跑得更快的馬，而不是汽車。坦白說，我們要的並不是別人的意見或建議，而是他們的回應。要把他們當成羅盤，而非導遊。

運用圈外人的神奇力量

Google 的創辦人發現，基層員工的構想，成功率高於高層往下傳達的構想。萊特兄弟是業餘的修補師傅，也是單車行老闆，卻在飛行的競賽，打敗了工程師與學者。匈牙利出生的卡塔琳．卡里科是屠夫的女兒，從小家裡沒有自來水，也沒有冰箱，一次又一次被同事排擠。但她獨自研究 mRNA 科技，最終造就了拯救無數人命的新冠肺炎疫苗[11]。

無論是職業、教育程度，還是人生際遇的圈外人，事實一再證明，圈外人握有一項圈內人沒有的好處：他們不知道自己不該做什麼。圈外人有著禪宗所謂的**初心**，亦即初學者的心態。初學者的心態是開放的，也很熱切，一心向學，也不會被先入之見拖累。經驗能讓我們成長，卻也會讓我們的行為與思考僵化，害我們看不見其他的一切。在最壞的情況，我們會變成只挑選符合自己的模式的東西，只接受符合我們的作法的東西，不理會那些可能會推翻我們的作法的觀點與證據。初學者與圈外人，並不會像這樣被一團混亂的大腦壓垮。

知名設計公司ＩＤＥＯ將擁有寬廣圈外觀點的人，稱為**異花授粉者**，也就是「能看出看似無關的構想或概念之間的關連，開創新天地的人[12]。」異花授粉者能以孤立的圈內人意想不到的方式，結合不同的層面與想法。他們將一個領域的概念，運用在另一個截然不同的領域。圈外人所帶來的火熱的創造力與連結，點燃了一些最出色的創新與社會運動。

萬事都別亂假設

超多的造型馬克杯上，都貼著關於假設的一句很做作的話，大致的意思是：「你一假設，**你跟我都出洋相**。」

任何一個發訊者唯一該做的假設，就是收訊者的生活**很美好**。今天早上醒來，並不會急著要聽你推銷或安全警告。他們今天的待辦事項，並不包括「看廣告」、「點閱社群媒體廣告」。他們並不打算看你的新聞稿，也沒打算看你的網站。他們在乎的事情很多，但應該不包括你要傳達的訊息。

我們要是不這麼假設，要是以為收訊者有能力、也想要找出我們的訊息，細細分析，有時候確實是這樣沒錯，但十之八九並非如此。判斷正確的好處多半微乎其微，遠遠不及判斷錯誤、完全無法連結收訊者的壞處。我們必須保持謙卑，依照大多數人的判斷，假設收訊者並不知道，也不在乎你的訊息，才能設計出更貼合收訊者生活的訊息。

我們必須了解，所謂的常識，其實不見得人盡皆知。每個人都知道許多其他人不知道的事，而且我們都有個壞習慣，總以為自己知道的事，別人也都知道。棒球迷以為大家都知道游擊手的位置，地質學家以為人人都知道板塊構造是怎麼回事。

但你若沒看過棒球賽，沒上過科學課，那就不可能知道這些基本常識。

以「別忘了……」、「記得要……」開頭的訊息，最常犯假設的錯誤。這種提醒既懶惰又傲慢。你根本就不知道的事情，要怎麼忘記？每個人都會忘記事情（因為腦袋太笨什麼的），但別人要是需要提醒，才能想起來，那你大概從一開始，就沒有妥善傳達你的訊息。放下假設，直指重點，你的訊息幾乎都會更為強而有力。

期望線是設計師耳熟能詳的現象。你若是曾經沿著許多人走過的非正式道路，穿過原野，或是曾經拿跑步機當成掛衣服的架子，那你就知道什麼叫做期望線（見圖7.2）。無論公園或跑步機的建造者的本意為何，使用者都想用於不同的用途，也發展出自己的用法。密西根州立大學當初在設計校園的時候，刻意沒有鋪設道路。等到學生以成千上萬個腳步，走出自己的路線，負責規畫的人，再鋪設學生走出的期望線。都市運動人士珍·雅各斯表示，期望線具有由下而上的影響力。她說：「沒有一種邏輯能套用在城市上。城市的邏輯是人創造出來的，我們的規畫……必須迎合人[13]。」

受眾會告訴我們他們想去哪裡，我們只要聽他們說就行了。你在構思、測試訊息的階段，要請教開明的白癡，就會找到期望線。

說話要像人跟人說話

幾年前，我與幾位朋友共進晚餐，其中一位朋友任職的公司，當時登上各大媒體的新聞，因為產品設計有個嚴重瑕疵。產品重大瑕疵的難堪影片，在社群媒體四處流傳，探討企業界的談話性節目，也在疾言厲色討論這起醜聞對於公司未來的影響。因為這起軒然大波，餐桌對面的另一位朋友問這位朋友，公司的情況如何？公司大老發布，要全體員工一字不差照唸的回應是：「很遺憾發生這種事情，而且……」

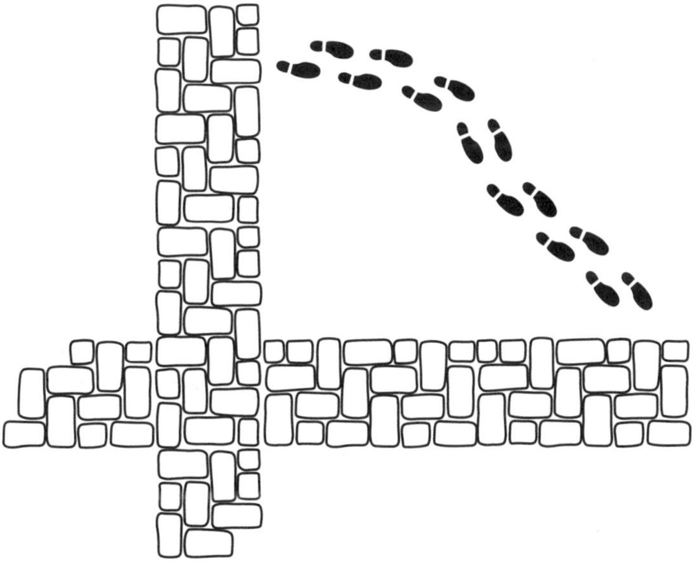

圖 7.2　期望線就是大家想走的路線。

席上眾人轟然大笑。大家都覺得自己是在跟新聞稿一起吃飯。活生生的人根本不會這樣說話。除非你刻意要說客氣話，或是律師緊盯著你，要你否認有任何責任，否則你這輩子，都不可能用「很遺憾……」作為一句話的開頭。「超慘的」才像人會說的話。

在二〇一八年的英國，炸雞巨擘肯德基碰上了應該可以說是最慘的事：雞肉用完了。供應商在公路上出了意外，再加上其他幾起物流問題，全英九百家門市當中，有四分之三因為炸雞短缺，必須暫停營業。簡直是一場惡夢[14]。

傳統的公共關係教戰手冊會告訴你，這時應該召開正式記者會，由西裝筆挺的拘謹男子站在一堆麥克風前，說明目前的情況，為「造成不便」向大眾道歉。但這是企業的說話方式，並不是人的說話方式。肯德基沒有這樣做，而是在英國各大報刊登全版廣告，是個很簡單、很坦率的廣告，上面有肯德基的招牌紅白鄉間的桶子，只不過桶子上印的是「FCK」。下方的文字更是流露出人類的坦誠：「我們很抱歉。賣炸雞的餐廳竟然沒有炸雞可賣。這樣是不行的。」肯德基只用了一個廣告，以令人耳目一新的自然語言，為「災難般的一週」致歉，也扭轉了媒體的風向。

你若是不知道怎樣說話才像個活生生的人，這個嘛，**那就跟一個活生生的人說話**。可以找同事，或是打電話給朋友，把你想說的說給他們聽。如果你說的時候表情自然，不像在做配音，那就沒有問題。如果你說這些話感覺不太自在，那就要回去再討論。

多產作家與行銷專家塞斯·古汀談到寫作，寫道：「誰都不會有說不出話的障礙[15]。」我們每天說話，從來不會卡住，但很多人都會遇到寫不出東西的障礙。為什麼會這樣？他說：「我們就是因為說話，所以才更擅長說話。」他繼續闡述每天練習的好處。養成這種好習慣，你的工作表現就會更好，不過我們可以將這一招，當成一種速成法。

你的訊息若是很僵硬，無法甩開企業用語的枷鎖，那就脫離書面，轉為口說。洗澡的時候對著自己說，早餐的時候對著另一半說，最好能對著能接近你的受眾的人說。每天重複練習幾千次，你的說話肌肉大概比寫作肌肉強壯得多，所以要善用。

請你做作業

- 哪些事情是收訊者知道，而你卻不知道的？哪些問題他們能回答得比你更好？
- 哪些假設是你最有把握的？萬一你的假設是錯的，會有什麼樣的後果？
- 你認為你的訊息中有哪些文字或構想，是最難理解的？能否改換成較為簡單的？
- 那些懷有惡意，只會負面解讀你的意思的人，如何看待你的訊息？你的訊息從最負面的角度解讀，會是如何？
- 你會如何將你要傳達的訊息，在晚餐時候說給你最好的朋友聽？

第八章
極簡：胡說也不能有廢話

藝術就是去除不必要之物。

——畢卡索

二〇一五年六月十六日，唐諾．川普搭乘鍍金電動手扶梯，往下走到與他同名的大樓的大廳，宣布角逐美國總統大位。他的演說與競選，很快就變成在深夜插科打諢的喜劇演員，以及嚴肅討論的政治專家愛用的哏。

事後很難想起，但在川普宣布參選之前，美國共和黨黨員將總統大選的十七位候選人，稱為他們所看過的「最深厚、最強大」的陣容[1]。這十七位候選人，包括人氣頗高的州長、經驗豐富的參議員，以及備受尊崇的外部人士。在選戰初期領先群雄的傑布．布希，是上一位共和黨總統的弟弟，也是前總統的兒子。專家也吹捧其他熱門人選，例如佛羅里達州冉冉升起的政壇明星，參議員馬可．魯比歐，以及來自德州，言行激進的共和黨鷹派參議員泰德．克魯茲，認為這二位可望為共和黨開創新的選票版圖。這些專家會不看好川普這位真人秀明星兼小報風雲人物，其實也情有可原。

但川普演說的最後一句話，改變了整場總統大選。他說：「我會創造史上最大、最美好、最強盛的美國，我們會讓美國再次偉大。」最後這幾個字，就是他競選期間從頭到尾使用的，簡單易懂的口號。這幾個字出現在俗豔的紅帽子上，也化做無數推特帳號的個人簡介上，首字母縮略字組成的主題標籤「#MAGA」，所以得以永遠流傳，永垂不朽。

這幾個字具有強大的力量，因為替選民以簡單的答案，回答「為何要支持這傢伙？」的問題。選民會說，支持川普是因為他「會讓美國再次偉大」。這是一個完整的句子。這句口號雖然充滿沉重的種族與歷史包袱，但卻夠簡潔，能印在帽子上，也能印在你的腦袋裡，不需要多作解釋。

布希不懂這個道理。他有個爛到出名的口號叫「傑布！」還有個主題標籤「#全民一起挺傑布」。是想叫我們怎樣？

魯比歐不懂這個道理。他的口號是「新美國世紀」。誰知道是什麼意思啊？

克魯茲不懂這個道理。他的口號是「團結就能勝利」。沒問題，但究竟是什麼勝利？要怎麼勝利？又為什麼要勝利？

川普獲得共和黨提名之後，在十一月的總統大選迎戰希拉蕊·柯林頓。希拉蕊是全世界最有名的人之一，更不用說是全世界最有名的政治人物之一，資歷包括美國國務卿、參議員、第一夫人，是最難對付的對手。希拉蕊雖說擁有業界最具經驗的團隊，卻始終說不出角逐總統大位的簡單理由。她的團隊在不同的時間，分別使用下列口號：「團結更強大」、「我挺她」、「為我們而戰」、「愛戰勝仇恨」。這些口號都很好很簡短，做成告示牌豎立在院子裡很不錯，但從內部與外部的角度檢視，就會顯得軟弱無力。

我們為什麼會投票給某位候選人？川普的競選過程雖說很混亂，後來的執政也頗有爭議，但他在競選起跑的第一天，倒是做對了幾位對手都沒能做對的事：給支持者一個簡單的答案。

而在政治光譜的另一端，美國執政黨在川普就職僅僅二年後，再次受到衝擊。自一九九九年以來，長期代表紐約皇后區與布朗克斯區多元族群的眾議員約瑟夫·克勞利，是眾人眼中紐約州最具權勢的人物，也是未來眾議院院長的熱門人選。克勞利在選區年年都幾乎沒有對手，連續十次選舉都輕鬆獲勝。他身為皇后郡民主黨主席，堪稱現代美國政壇最有影響力的造王者。他在第十一次國會選舉順利連任，似乎是毋庸置疑的事。

但二〇一八年並不是普通的選舉年。全美各地都有躍躍欲試的民主黨人士，逐漸開始挑戰他們認為能力不足的現任政治人物。在紐約，來自布朗克斯區的年輕候選人亞歷山卓·歐加修—寇蒂茲就是其中之一。她想爭奪克勞利的席位，讓克勞利自二〇〇四年以來，首度面臨初選挑戰。

我們很幸運，能在二〇一九年的紀錄片《國會女戰將》，近距離了解亞歷山卓·歐加修—寇蒂茲的競選過程[2]。我們在這部影片，看見她坐在沙發上，啜飲咖啡。她說，她的競選優勢，在於觀點與訊息。

她舉起克勞利寄來的光鮮亮麗的競選文宣，封面是克勞利的臉部特寫大照片。她說：「看看這個。這是我對手的維多利亞祕密（編注：服飾品牌）的型錄，選區的每一位選民都收到了。」

她拿起她自己的明信片，說道：「我的意思是說，我並不是要給自己加油，或是吹噓自己什麼的，但這就是**組織者**與**戰略家**的差別。」

我們看見二份並列的行銷文宣：左邊是克勞利的大臉與標誌，右邊是歐加修－寇蒂茲的紫白相間的文宣。歐加修－寇蒂茲指著自己的文宣，手指從自己的名字，移到附有投票資訊的標題。她問道：「我希望選民做什麼？二件事，我希望選民知道我的名字，也希望他們能了解，一定要去投票。」

她反問道：「好，把票投給她。為什麼要投給她？」她把明信片翻過來，露出六項重大的理由。「終結對毒品的戰爭。百分之百再生能源。公立大學免學費。」

她換個方法，把克勞利的文宣又拉到鏡頭前，說道：「戰略家就是這麼做的。這份文宣哪裡找得到初選日期？你第一眼看到，剛從信箱拿出來的時候，找得到初選日期嗎？」上面並沒有印初選日期。她唸出上面有的東西：「在華盛頓特區與川普對決。拯救皇后區與布朗克斯區。」她氣忿忿加了一句：「**拯救**是當權的人才會講的話。」

歐加修－寇蒂茲繼續導覽「又大又漂亮的廣告」，還是找不到初選日期。她比較過後的結論是「這份文宣完全沒有提到前進的方向。『川普』提了三次，承諾提了零次。」

這一分鐘的影片展現的溝通技巧，比許多政治與企業領袖在整個職業生涯展現得還多。大多數的買家、選民、捐贈者，只希望你能直接告訴他們，你是誰？你要幹嘛？我又為何要在乎你要幹嘛？

克勞利的競選文宣完全沒提到的初選日期，是二〇一八年六月二十六日。那天晚上投票結束後，整個紐約市，甚至全國都大感震驚。歐加修－寇蒂茲以將近百分之五十七的得票率，擊敗現任眾議員，就此轟動全國。

極簡為何重要

我們的五大原則的最後一項是**極簡**，會列為最後一項是有原因的。極簡就是擁有所需的一切，但也只有你所需的一切。我們必須先確定，自己的訊息有益、聚焦、顯著、能同理，才能下定決心做到極簡。我們要做到這些，才能知道什麼是必不可少的，什麼不是。

簡潔是極簡訊息共有的特色，但並非極簡訊息的定義。大多數的極簡生活大師，其實並不是鼓吹完全沒有物品，而是主張留下重要的，丟棄不重要的。我們在第二章看見的近藤麻理惠。她提出的近藤麻理惠法，其實是進一步遠離斯巴達式的簡樸，「倡導與真正珍愛的物品一起生活[3]。」

但我們卻是戴上工程帽，把打造極簡訊息，當成一項設計作業。我們一心一意想避開出口匝道，確保結構完整，盡可能減少摩擦。所謂出口匝道，就是我們的訊息失焦、淡化的地方。結構扎實的訊息，能抵禦環境的衝擊。

出口匝道

無論你的政治傾向是什麼，我們在這一章一開頭提到的二位政治人物，溝通的方式都很相似：即使胡說，也沒有廢話。他們扔掉尋常的廢話，發出直指重點的訊息，自己也一舉登上最具政治影響力的高峰。各產業的品牌與領導者，也運用同樣的策略，登上各自領域的顛峰。

廢話是一種出口匝道。如圖8.1所示，不必要的複雜言語，以及沒有明確意義的詞彙，等於是給了收訊者離去的機會。在前面提到的例子，選民覺得候選人的言詞老套，就不會再關注。網站的訪客看見**革命性**、**優越**、**負責**看似重大，實則空洞的字眼，就會眼神呆滯，轉而點閱其他的東西。

打開同義詞辭典，找出拼字遊戲等級的高深術語，並不會讓收訊者激賞。添加一堆字，並不代表你智取收訊者，贏得訂單、選票、捐贈，或是其他你追求的東西。你只是很有可能看起來像個傻瓜而已。

普林斯頓大學的研究團隊，準備了研究所申請入學的二套文章樣本：一套是控制組，另一套是研究團隊將某些字詞，替換成較長的同義詞，提高文章的複雜度[4]。接著研究團隊詢問一群評審，是否

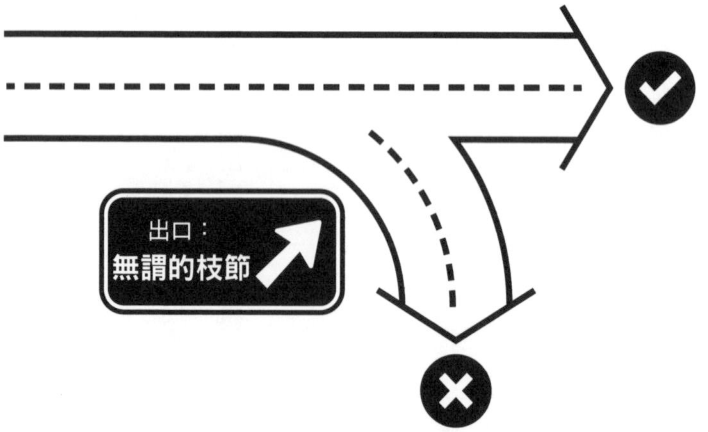

圖 8.1　不要給收訊者脫離訊息的出口匝道。

會核准這位假想的申請人的入學申請，對於自己的決定有多少信心，最後也要為文章的困難度評分。

比較聰明的學生，認識的複雜字詞更多，所以錄取機率更大，對不對？不對。如圖8.2所示，字詞越複雜，就越難閱讀，評審也就越不願意錄取使用複雜字詞的申請人。結果很明確，研究團隊表示，不同於複雜的文章，「簡單的文章得到的評分，高於中度複雜的文章，而中度複雜的文章，得分又高於高度複雜的文章。」

同一個團隊將實驗反過來做，這次是將複雜的文章，簡化成更清晰，也得到同樣的結果。評審依然認為，寫出簡單文章的申請人比較聰明，而寫出複雜文章的申

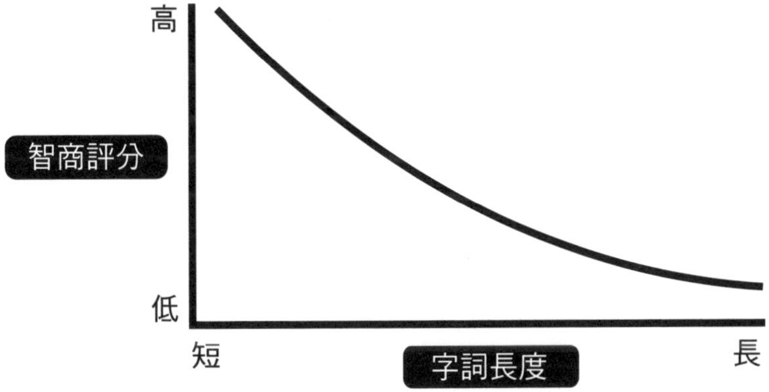

圖 8.2　字詞長度與智商評分之間的關係。

請人，則是較為愚笨。研究團隊即使用十七世紀法國哲學家笛卡兒的文章的專業譯文進行測試，評審團隊的意見仍然不變：簡單文章的作者較為聰明，複雜文章的作者較為愚蠢。

複雜的字詞比較不流暢。我們遇到難以閱讀、看清，或是理解的東西，挫折感就會演變成不信任、不喜歡。我們以複雜的字詞，闡述簡單的道理，就是在增加摩擦，趕走我們想吸引的受眾，還會讓出口匝道顯得格外誘人。

結構健全度

溝通要能順利，你必須使用符合下列基本標準的語言：

- 發訊者能理解。
- 收訊者能理解。

如果發訊與收訊的雙方，都能理解訊息的語言，那你就成功了。若是雙方都無法理解，那你等於是從一開始就失敗。你打造的廣告有多好都一樣，只要是使用義大利文，或是對話是直接從醫學辭典搬過來的，那我就看不懂。如果你的廣告如圖8.3所示，充滿業界的行話與首字母縮寫字，那我就不看了。訊息若是無法通過這項考驗，結構就不健全，所以會垮掉。

難處在於，對於大多數的人來說，溝通的內容即使沒有科學術語

圖 8.3　每一個術語都是另一個失敗的點。

與外國語言，照樣有可能看不懂。美國教育部表示，百分之二十一的美國成年人要嘛幾乎不識字，要嘛完全不識字。與其他國家相比，就會發現美國的識字率低於數十個國家。少數族群長年受到不平等待遇，識字率所受的影響，更是不成比例的高[5]。從道德與公共政策的角度看，我們有能力做得更好，也理應做得更好。

但我們必須迎合現狀，必須面對現實：多用一個複雜的詞彙，成本就會大幅攀升。你可以提高難度，別人會從上下文脈絡，推敲出幾個字詞的意思。但若是太過艱澀，就會超出別人閱讀能力的極限。

電子郵件應用程式 Boomerang 分析數百萬則對話，發現到目前為止，以大學生閱讀程度的文字撰寫的電子郵件，回覆率最低[6]。那怎樣的電子郵件回覆率最高？小學三年級程度的電子郵件。這一章一開頭的演說呢？小學四年級的程度。

語言會隨著時間改變與成長。越來越多人與世界各地的人連結，交流思想，所以這種改變的速度，是一年比一年快。最近一個月，《牛津英語辭典》新增或更新超過一千五百個英文字，等於每二十九分鐘，就出現一個新定義[7]。基礎不斷在變，我們必須確定，自己的訊息是建立在易懂、堅實的基礎上，才能有效溝通。

複雜的系統會失靈，是因為有許多可能失靈的點。複雜的訊息會無效，也是同樣的道理。諾貝爾獎得主丹尼爾．康納曼以及長期合作的學者阿摩司．特沃斯基表示：「諸如核反應器，或是人體這樣的複雜系統，若是任何一個主要零件故障，整個系統都會故障。即使每個零件故障的機率很低，但系統只要有許多零件，整體故障的機率還是很高[8]。」

一則訊息每增加一個零件，就等於多一種故障的可能，至少會多一個摩擦點。不要讓你的收訊者費心理解你的訊息，因為他們不會花這個心思。

知名物理學家史蒂芬．霍金寫完他的暢銷鉅作《時間簡史》，他的出版社警告說，書中的每一個方程式，都會導致銷售量減半[9]。《時間簡史》雖說涵蓋「對宇宙的完整理解」，但霍金還是將書的內容簡化到只有一個方程式「$E=mc^2$」。霍金可以用一個術語，道盡大霹靂與黑洞的原理，你也可以減少複雜，做到簡化。

極簡與非極簡訊息範例

吃食物。多吃植物。不要吃過量。

——麥可·波倫

不自由，毋寧死。

——派翠克·亨利

禍從口出。

——戰時廣告委員會

健康的飲食習慣要遵守一輩子。

——美國衛生及公共服務部

向國王與上下議院致詞。發言要得體，堅定，主要目的是能有一部堅實的美國憲法，這樣我們可以接受也不會危及自身安全，英國那邊也不失尊嚴。」

——希伯利主教

不要討論部隊動向、船隻航行、戰爭裝備。

——美國戰時情報局

做到極簡

要打造極簡的訊息，需要考慮首要的原則，也就是亞里斯多德所說的「了解事物的第一項基礎[10]。」我們把要說的話，分解成基本的部分，就能組成一個訊息，既能把該說的重點全都說了，又不會有與我們的目標無關的枝節。我們將從分析定位的要素開始，再探討訊息的語言，最後則是研究外界對於訊息的看法。

回答「為什麼」的問題

人總是希望自己做的事能有理由。自己的決策即使是一時衝動、不理性，我們還是認為自己買某樣東西、投票給某位候選人，以及捐獻給某人，是基於合理的理由。

所以就要給他們一個理由。

你能給你的受眾最有價值的禮物，是一個他們能說給自己以及其他人聽的：選擇你的理由。有了這個理由，他們就能安心，別人要是問起，他們也有現成的答案。他們可以堅持這個理由。

你為何投票給川普？呃，因為他要讓美國再次偉大。你為何投票給歐巴馬？因為我們相信他能帶來改變。

我為何開始用牙線？因為我的牙醫師說，你想保留哪幾顆牙齒，就用牙線清理那幾顆就好。你為何到迪士尼樂園度假？因為那是世上最歡樂的地方。

要給別人一個選擇你的好理由，別人就會覺得選擇你是對的。

在品牌行銷，找到這個答案的藝術，叫做**定位**。從三個基本的問題，就能找到你的定位：

- 你的東西是做給誰用的？
- 你能解決他們的哪些問題？
- 為何你的解決方案比別人的好？

這些問題就像這本書提到的其他東西，是很簡單的問題，卻很難回答。品牌顧問收取高額的費用，每天問企業這些問題。說出來你會感到很驚訝，竟然有那麼多人無法替自己、也無法替自己的企業，回答這些問題。你的東西不可能符合所有人的需求。你不可能解決每一個問題。你也不可能樣樣都最擅長。

思考這些問題，就能了解你在市場上的定位，進而了解你在收訊者心目中的地位。有了這個基礎，你就能聚焦，也就能在正確的道路上向前邁進。

從基礎開始

如果你想發聲，也希望有人聽見，最好的辦法是給自己一個框架。試試看只用「一百個的十倍」最常見的字詞，把你想說的說出來。若能成功，你就會了解如何以更簡單的方式，說出你想說的話。找到方法之後，就能加入較難的字詞。

「一百個的十倍」是什麼東西？嗯，十個一百就是一千，就是上個段落的限制條件。如果上個段落看起來有點怪，那是因為我使用的單字，並沒有超出一千個最常用的英文單字的範圍（編注：一千的英文字 thousand 並不在一千個最常見英文字的範圍內）。我打出上面那段時，想用許多不合規定的單字。像**限制**、**熟練**，以及**複雜**也不在一千個單字的範圍之內。

高人氣的長壽網路漫畫 xkcd 的作者蘭德爾．門羅，就用一千個最常用的英文單字，寫出一整本書《解事者：複雜的事物我簡單說明白》[11]。他限制自己只能用一千個最常見的英文單字，以幽默也正確的方式，解釋各種科技題材，從照相機、微波爐，到原子彈，或者用他的簡化語言形容，就是「拍照片的機器」、「能加熱食物的無線電波盒子」，以及「燃燒城市的機器」。科學家彼得・格萊克在書評中大肆讚揚。他寫道：「書中有一頁提到光的顏色，我第一次看見有人能把這麼艱深的概念，解釋得如此清楚。我在學校的老師，應該從這本書取經，學學該怎麼教學。」

原來這一千個英文字，占所有書面英文的百分之七十五，而英文共有超過十七萬個單字[12]。也許你覺得一千個單字已經很集中了，其實我們使用的單字，甚至還更集中，前一百個最常用的單字，占使用的英文的百分之五十。前十個最常用的單字（the、be、to、of、and、a、in、that、have、I）占使用的英文的整整百分之二十五。英文以及所有其他的語言，都依循所謂的齊夫定律，亦即一個單字出現的頻率，與常用度排名成反比：最常用的英文單字（the）的出現頻率大約是十分之一，第二常用的英文單字（be）的出現頻率是二十分之一，以此類推。

這些數字跟我們要討論的東西無關，但結論卻很有關：只用最常用的字詞，就能表達不少東西。如此打造出的訊息，也會堅實得多。

從最簡單的語言開始，再逐漸擴大。除非絕對有必要，否則不要用複雜的字詞，謹慎使用才能發揮最大的力量。要是拿不定主意，要記得清楚勝過高深。

去除無謂的枝節

大約半數的寫作建議，說穿了就是一句話：把用不著的廢話去掉。

喬治・歐威爾在一九四六年的一篇文章，提出寫作的六條規則，其中三條是「能用簡單的字詞，就絕對不要用複雜的」、「能刪除一個字詞，就一定要刪除」，以及「能用日常的英文表達，就絕對不要用外文、科學名詞或是術語表達[13]。」

另外一個常有人提到的寫作建議，是小威廉・斯特倫克與埃爾文・布魯克斯・懷特的著作《風格的要素》裡，「省略不必要的字詞」標題之下的一段話：

寫作要簡潔才有力量。句子不該有不必要的字詞，段落不該有不必要的句子，正如圖畫不該有不必要的線條，機器不該有不必要的零件。這並不是說寫作的人應該把每個句子都寫得很短，省去所有的細節，只寫個主題的大概，而是寫出的每個字，都應該有價值[14]。

這些「不必要的字詞」，是我們的心理垃圾郵件過濾器的飼料，也是出口匝道。

用經濟的角度分析這個道理，就更容易明白。你下次在線上購物結帳時，先看看結帳的網頁。你會發現，所有會帶你離開結帳頁面的按鈕都不見了。沒有一個按鈕能讓你回到首頁、部落格，或是分類畫面。除非你點選上一頁，或是關閉瀏覽器，離開結帳頁面，否則就只能輸入信用卡號，完成交易。結帳頁面上的每個畫素都有作用。有效的溝通也是如此。

班傑明·德雷爾身為藍燈書屋的總編輯，看過、編輯過的文字，比其他在世的人還多。他的著作《清晰簡明的英文寫作指南》以一整章的篇幅，探討他所謂的「可刪除字詞」，也就是幾乎每次出現皆可刪除的贅字。以下是幾個例子，可刪除的字詞以粗體表示：

- **額外**獎金
- 危機**情況**

- **虛構**小說
- **預先**規畫
- **未解**謎團[15]

就我自己在行銷業的經驗，我可以再增加很重要的一項：**協助**。新款的洗面乳不會協助你看起來更年輕，而是讓你看起來更年輕。待辦事項應用程式並不會協助你提高生產力，而是會讓你提高生產力。大家要的並不是能協助自己的產品，而是能用的產品。去掉無謂的枝節，你的產品就會明確得多（你的律師若要反其道而行，你也得堅定立場）。

我們所說的、所寫的，多半是為了達成一項目標。這個目標有一個最低限度：要有多少字、要填滿一個專欄，或是增加一個標題。在這種情況，我們就需要這種無謂的枝節。但我們要是換個作法，刻意對抗增添的欲望，就能打造更強而有力、更理想的訊息。研究可用性的學者發現，簡潔的寫作，能將訊息的效益足足提高百分之五十八[16]。減少贅餘的內容，是你能做的最大改進。

極簡溝通並不是把訊息的所有東西都拿掉、把字數壓到最低。但要做到極簡，就要理解最核心的零和平衡：我們每添加一樣東西，其他的一切就會變得比較不重要。每個字都必須有所作用。

沒有安靜，就沒有響亮可言。我們必須去除雜訊，才能凸顯訊息。若是沒有去除雜訊，得到的回應就有可能類似圖8.4這種老掉牙的迷因。

要對著一個人而不是一群人說話

每則訊息都是一對一。無論是政治人物在造勢場上對五千人說話，還是美式足球超級盃的廣告向一億觀眾播出。在你實際連結的層面上，始終只有一位發訊者與一位收訊者。

對群眾說話是行不通的，因為群眾並不存在。雖然我們可以集體行動，也建立了結構與

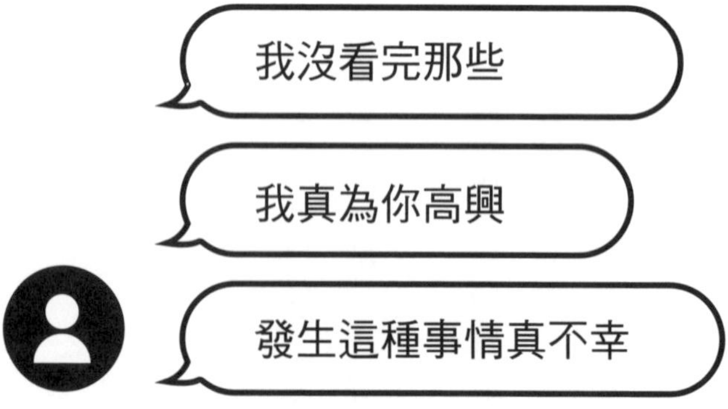
我沒看完那些
我真為你高興
發生這種事情真不幸

圖 8.4　我沒看完那些。
文字：推特帳號 @nocontextdms，插圖：本書作者。

共同體，能集體去做自己一個人做不到的事，但我們的心中，只住著自己一個人。你買的每一個產品，投下的每一票，都是因為你依據自己接收、自己處理的訊息，所做出的決策。

所以針對模糊不明確的群體訊息，是不管用的。稱呼我們「讀者」、「紐約市民」、「貓飼主」，或是更糟糕的「某些人」的廣告，很有可能就這樣從我們身邊飛過，而我們根本沒察覺。

收訊者絕對不是「某些人」，而是只有「你」。我可以在一個群體裡，但我並不是**群體**。

各平台的影響者發現，社群媒體貼文一開頭的稱呼若是較為籠統，例如「大家」、「嘿，各位」，或是「諸位」，與較為直接、較為個人的稱呼相比，感覺比較無趣，也比較疏離。很多最佳的 TikTok 影片，感覺都像是朋友與你在 FaceTime 通話。有些最廣為流傳的推特，看起來就像一則簡訊。擁有個人化主旨的電子郵件，你在你的收件匣應該看到過，獲得點閱、閱讀的機率，比廣發的罐頭郵件高百分之二十六[17]。

財力雄厚的行銷機構，會開發一種叫做**人物誌**的一對一溝通工具。人物誌是虛構的理想顧客，所有的人物簡介寫在投影片上。有財力可以製作人物誌是件好事，但其實可以節省很多時間與成本，立刻得到類似的效果。只要印一張照片，放在辦公桌上，甚至只要拿一張便利貼，畫一個小小的人，頭部是圓圈，身體是線條，貼在螢幕上。看看這個人。你要說給他聽，也要寫給他看。我們溝通的對象不是眾人，而是個人。

以視覺思考

從某個方面來說，我們的大腦大約有一半是專門負責處理視覺的東西[18]。我們大多數的溝通，無論是網站、社群媒體貼文、平面廣告、電子郵件、簡訊，還是備忘錄，雖然看到的是文字，但還是視覺資料。清理你的訊息外觀，是溝通能否順利的關鍵（只是常被人忽略）。

設計師與研究人員使用裝有許多精確感應器與攝影機的專業工具，甚至只使用筆記型電腦或智慧型手機內建的網路攝影機，就能追蹤我們注視的方向，以及我們使用網站、應用程式的情形[19]。研究結果很一致：螢幕上大部分的內容，我們其實都沒看進去。

我們通常是這樣吸收螢幕上的資訊：

- 我們從左上方開始往下看，從左看到右，從螢幕上方一路往下看，閱讀路線就像英文字母F。（如果是書寫方向從右到左的語言，例如阿拉伯文、希伯來文，那路線就會顛倒過來。）
- 我們會注意到較為醒目的文字與段落，例如連結、粗體字，以及條列的文字（就像這一句）。
- 我們會尋找與眼前的工作相關的字詞，至少是看起來相關，例如地址、姓名、電話號碼，以及價格。
- 我們快速看過標題與小標題，尋找有趣的東西，亦即研究人員所稱的**千層蛋糕**模式。

我們以為我們的預設模式，就是將一頁的內容從頭看到尾，但其實我們只有在有強大的動機時，才會這樣做。我們幾乎被每天湧來的資訊洪流淹沒，所以都練就了略讀的本事，如圖8.5所示。

資深政治記者吉姆・范德黑、麥可・艾倫，以及羅伊・施瓦茨正是基於這個概念，建立了新聞業巨擘Axios。Axios是希臘文「值得」的意思，於二○一七年創辦，志在成為「《經濟學人》與推特的綜合體」。這家企業將最新的新聞與分析，濃縮成簡明扼要的片段，發表在網路上，也透過高人氣的每日電子報發送。幾乎每一篇Axios文章都極為簡短，以明確的標題與條列

圖 8.5　我們在螢幕上閱讀的預設模式，是略讀與跳讀。

分層，符合我們現代的媒體消費模式。這個概念到目前為止很成功，因為這家公司的電子報已有超過一百萬人訂閱，公司最近也以超過五億美元的價格賣出[20]。

這些能快速瀏覽的設計，使用的是設計師所謂的**層級**。透過排版、色彩、大小，以及位置，視覺層級安排得當的版面，會讓你一看就知道，該把注意力集中在哪裡。粗體字比淺色字醒目。明亮的顏色比較冷、較暗的顏色更引人注目。較大的項目，或是周圍有更多空間的項目，比較小的項目更顯著。位於版面最上方的項目，會比下方的項目更先引起我們注意。我們安排好訊息的層級，就能引導收訊者按照我們希望的順序，注意到訊息的不同部分：**先看這個標題。再看這個小標題。最後再看正文。**

我們之所以在這一章談到交通與工程的比喻，是有原因的。要說以視覺傳達訊息，最簡單的方式，莫過於美國超過二十六萬公里的公路上的交通標誌。

你以每小時一百一十公里的速度，在州際公路上奔馳，這樣的速度等於每秒超過三十公尺，所以所有關於方向、路況，以及規則的訊息，都必須快速、清楚傳達重點。聯邦公路管理局的交通標誌聖經《道路交通管理標誌統一守則》（很精采的一本書）的第一頁，就列出了快速、清楚傳達重點的五項原則[21]。

交通管理標誌必須符合五項基本要求，才能發揮作用：

- 滿足一種需求。
- 吸引注意力。
- 傳達清楚、簡單的意義。
- 用路人願意遵守。
- 給予用路人充足的時間，做出適切的回應。

以設計快速溝通的訊息的規則作為這一章的結尾，是很貼切的。你要是很快就要抵達出口，就沒有空間容納無謂的枝節。而且遺憾的是，現在這個吵雜又高壓的世界，往往很像高速公路。我們希望受眾能接收我們的訊息，就要遵守這幾項原則。要依據這些原則，設計你的訊息。

請你做作業

- 如果一個字要花十塊美元，你會刪減多少字？一個字一千美元呢？
- 如果要把你的訊息，濃縮成一個交通標誌，那會是什麼樣的交通標誌？
- 你在電話上，能把你的訊息表達清楚嗎？在人滿為患的酒吧呢？
- 收訊者是否需要背景知識，才能理解你的訊息？你的收訊者是不是都具備這種知識？
- 拿你的訊息玩疊疊樂。你能拿掉多少東西，訊息才會垮掉？

結論 然後呢？

一切都應該盡量簡單，但不應該更簡單。

——愛因斯坦

在一九五〇年代迅速現代化的戰後美國，便利就是王道。速成產品要讓世人見證現代世界的奇蹟。未來學家預測，「世人很快就會生活在極為自動化的房屋裡，按鈕會被觸控甚至聲控取代[1]。」

通用磨坊公司的一群奇才，就推出一款這樣的速成產品：蛋糕粉。只要打開盒子，把蛋糕粉倒進碗裡，加水，攪拌幾下，放進烤箱幾分鐘，就能迅速完成漂亮的

「手工」蛋糕。

但是家庭主婦並**不喜歡**。

用 Betty Crocker 蛋糕粉做蛋糕，實在太簡單了。大家習慣了從頭開始，費時費力烘焙甜點，覺得打開盒子，把蛋糕粉加水的作法，簡直像作弊。用蛋糕粉能做出人見人誇的完美蛋糕，但讚美只會引發內疚。感覺蛋糕不是自己做的，是工廠做的。

這家公司想解決這個問題，找出了違反直覺的解決方法：把製作過程變得更複雜。蛋糕粉裡不再含有蛋的成分，而是讓顧客自己打蛋，自己加入。也就是增加一個步驟。

加水叫做作弊，加蛋就叫做烹飪。只是增加了小小的步驟，就讓顧客對於製作過程、產品，以及自己與製作過程及產品的關係全面改觀。顧客的自豪感，反映出**工具性捷思**的現象。

在這本書，我們多次看見簡單與流暢，能提升溝通的容易度與效益，也有大量證據能證明這一點。但工具性捷思的意思，是我們積極追求目標時，例如剛才提到的烤蛋糕，或是費盡心力寫出論文，拿到博士學位，對於辛苦得來的成果，我們會更加看重[2]。我們若是付出更大的努力，追求想要的東西，得到之後也會更加珍惜。正如美國前總統老羅斯福所言：「世上唯有要歷經努力、痛苦、艱難才能得到的東西，才值得擁有，也才值得做。」

簡化是我們突破雜訊與冷漠的途徑。但操作得當的複雜，也是一項利器。訣竅在於，只有我們想用的時候，複雜這個工具才會管用。複雜只能讓我們更接近自己本就想要的。複雜只能牽引，不能強迫。率先發現工具性捷思的研究團隊，也就是芝加哥大學的阿帕娜．拉布魯與莎拉．金，說得很直白：「所有先前的研究都證明，一件物品的處理方法若是更簡單，就更討人喜歡。但在這裡提到的研究，物品不容易處理，反而比較討人喜歡，前提是這件物品有助於達成尚未實現的目標。」

問題是無論是行銷人員、企業家、教育人士、倡議人士，反正任何需要散播訊息的人，並不見得每次都能有這種餘裕。所以才要參考這本書提到的領導者、創新者、科學家的經驗與心得。

Google簡單樸素的首頁，從一九九八年首度上線至今，幾乎沒變。從那時到現在，Google已經成為終極的工具，包括電子郵件、行事曆、文件、試算表、電影時刻表，以及股價。運用那個小小的文字方塊，可以做很多事情。

科技主管梅麗莎・梅爾後來成為 Yahoo 等企業的領導者。她在職業生涯的起初，是 Google 的第二十號員工，不久之後就掌管 Google 網站的外觀與風格。二〇〇五年，Google 正在發展為全球超級巨擘之際，她形容她面臨的挑戰：「Google 的功能就像非常複雜的瑞士刀，但我們進入 Google 的首頁，就像拿起收合的瑞士刀。簡單又高雅，可以放進口袋，但需要用的時候，就會發現它有很多很棒的小玩意。我們很多競爭對手，就像打開的瑞士刀，不僅看起來嚇人，有時還有害[3]。」

嚇人又有害。我們想達成目標，我們喜歡的產品、想法，以及人，是能讓我們達成目標，而不是嚇人又有害。複雜才會嚇人又有害，我們絕對不能逾越這個底線。

要做到簡化，需要確定感，至少要有信念。這在人生與商業的許多領域都不可或缺，但在其他領域，卻被嚴重誤解。人生本該是一場不確定的冒險，我們的未來並沒有寫好的劇本，是很重大，也很神祕的。我們不可能什麼都知道，也不應該什麼都知道，簡化絕對不是萬靈丹。

但我們確實知道一件很重要的事。主動與他人連結，發出的訊息有人聽進去，是模糊、未知且無法預測的人生中，最美好，也最有收穫的事。

新創企業，好比說以前的Google，都在拚命追求**產品市場契合**的境界。所謂產品市場契合，意思是你賣的東西，正好就是顧客想買的東西，一拍即合。新創企業測試、重複、調整、改進，上窮碧落下黃泉，直到達到這種境界。這是創業過程中最艱難的環節。但一旦達到這種境界，一切都會變。從此就會扶搖直上。

所謂簡化，就是找出你的訊息的產品市場契合。

為何有些訊息有用，有些沒用？

我們在這本書的一開頭，提出一個問題「為何有些訊息有用，有些沒用？」在這本書的結尾，則是做好面對這個問題的準備。我們在這本書的前半，探討溝通危機的挑戰：我們愚蠢的大腦，創造出吵雜的世界。我們也得以了解，發訊者與收訊者之間順利連結，有多麼不容易，也找出罪魁禍首：複雜。複雜，人為製造的複雜，是自私、怯懦，危險的，但不幸的是，我們天生就會製造這樣的複雜。

不過話又說回來，科學與歷史確實給了我們贏得這場戰鬥的工具：簡化。

有益的訊息會以收訊者為重。聚焦的訊息專注述說一個故事。顯著的訊息能顯得與眾不同。有同理心的訊息展現出體諒。極簡的訊息是刻意的體貼。兼具這幾項特質的簡單訊息，能在這個往往充滿阻力的世界逆流而上，發揮通知、說服、連結的功能。

然後呢？

我們討論連結與簡化的時候，幾次提到太空探索的歷史，因為太空探索，是人類有史以來最複雜的行動。太空探索的偉業，也包含史上最有雄心的溝通：我們首度聯繫地球之外的地方。十二英寸的鍍金銅碟所收錄的，是一則訊息，也是史上最遠、最快，也最恆久的人類存在的證明。

航海家一號太空船載運的「金唱片」，是一個瓶中訊息時空膠囊，裡面的聲音與影像，代表地球上各種豐富美麗的生命[4]。唱片收錄了巴哈與莫札特作品、查克・貝瑞的「Johnny B. Goode」、亞塞拜然民俗音樂、人類腦波，以及大翅鯨的歌聲。另外還有牛頓的作品、珍・古德研究黑猩猩、泰姬瑪哈陵，以及一位女性在雜貨店吃葡萄的畫面。封面有一張標出地球位置的星際地圖，以及一份緩慢頹壞的鈾，放在一起看，就能知道這張奇特金唱片來自何時何地。

航海家一號於一九七七年升空之後，穿過太陽系的各行星，首度揭露我們的行星鄰居的祕密，最終飛越土星，進入星際太空。神奇的是將近五十年後，航海家一號仍在運行，勤勤懇懇把將近二百四十億公里之外的資料傳回地球，同時以每小時六萬一千五百二十公里的速度飛馳，離我們越來越遠。

航海家一號是人類發射到太空最遙遠的物體，也是到達最遠的地方的人類物體。在太陽滅亡，以巨大的火球吞噬地球的數百萬年後，航海家一號會比人類做過的其他事情存在更久。負責製作放置在航海家一號一側的金唱片的天文學家卡爾・薩根表示，航海家一號「注定永遠徘徊在群星之間的大海中」。

金唱片能通過我們的簡化程度測試。它是有益的，是浩瀚銀河中的一個浮標，讓收訊者知道自己並不孤單。它是聚焦的，設計成一個時空膠囊，代表地球上的眾多生物。它是顯著的，是黑漆漆、空蕩蕩的太空中，一片閃閃發光的銅碟。它是具有同理心的，只要看得見、懂數學，就能理解上面的說明。它也是極簡的，將一整個地球的經驗，濃縮成一片銅碟。

我們要是運氣好，也許數千年、數百萬年後，會有一艘外星人的太空船，遇見來自小小的藍色地球的作品。發現唱片的外星人，把唱片放上唱盤，首先會聽到以人類最古老的語言蘇美語說出的問候，，是個很簡單的訊息，意思是「祝一切順利」。

地球送往另一個星球的第一個訊息，穿越無窮的時間與空間，只是一個很簡單的概念：我們關懷收訊者。

我們在地球上的生活中，也要做到這一點。簡化就是一種關懷，也是我們前進的方式。

參考資料

簡單溝通並不容易。我整理出幾個額外的參考資料，希望這本書能發揮最大的效益。請看看我的網站，裡面有免費的指南、備忘錄、清單等等，網址BenGuttmann.com/resources。

希望我們能保持互動。我每個禮拜都會將我以及其他人的構想，整理成簡短的電子郵件，發送給大家，也希望能與你分享。前往BenGuttmann.com/newsletter即可免費訂閱。

最後，無論你看完這本書有什麼心得，還是想問問題，邀請我參加你的活動，或是純粹想打招呼，都歡迎寫信給我，我的電子郵件地址是ben@benguttmann.com。期待你的來信！

注釋

前言

1. John Koenig, "Sonder," *Dictionary of Obscure Sorrows*, July 22, 2012, dictionaryofobscuresorrows.com/post/23536922667/sonder.

2. eMarketer, "Time Spent per Day with Digital versus Traditional Media in the United States from 2011 to 2023 (in Minutes)," *Statista*, June 6, 2021, statista-com.remote.baruch.cuny.edu /statistics/565628/time-spent-digital-traditional-media-usa/.

第一章

1. Linda Rodriguez McRobbie, "Total Recall: The People Who Never Forget," *Guardian*, February 8, 2017, theguardian.com/science /2017/feb/08/total-recall-the-people-who-never-forget.

2. Daniel J. Simons and Christopher F. Chabris, "Gorillas in Our Midst: Sustained Inattentional Blindness for Dynamic Events," *Perception* 28, no. 9 (September 1999): 1059–1074, doi.org/10.1068 /p281059.

3. Siri Carpenter, "Sights Unseen," *Monitor*, American Psychological Association, April 2001, apa.org/monitor/apr01/blindness.

4. Jane Porter, "You're More Biased Than You Think," *Fast Company*, October 6, 2014, fastcompany.com/3036627/youre-more -biased-than-you-think.

5. William James, *The Principles of Psychology* (New York: Henry Holt and Company, 1890).

6. Maurice Possley, "Lydell Grant," National Registry of Exonerations, January 26, 2022, law.umich.edu/special/exoneration/Pages /casedetail.aspx?caseid=5980.

7. "Ronald Cotton," Innocence Project, August 6, 2019, innocenceproject.org/cases/ronald-cotton/; "Ryan Matthews," Innocence Project, August 9, 2019, innocenceproject.org/cases /ryan-matthews/; "DNA Exonerations in the United States (1989–2020)," Innocence Project, August 26, 2020, innocenceproject.org /dna-exonerations-in-the-united-states/.

8. Nelson Cowan, "Chapter 20 What Are the Differences between Long-Term, Short-Term, and Working Memory?," *Progress in Brain Research* 169 (March 2008): 323–338, doi.org/10.1016 /s0079-6123(07)00020-9.

9. George A. Miller, "The Magical Number Seven, Plus or Minus Two: Some Limits on Our Capacity for Processing Information," *Psychological Review* 63, no. 2 (1956): 81–97, doi.org/10.1037 /h0043158.

10. Nelson Cowan, "The Magical Number 4 in Short-Term Memory: A Reconsideration of Mental Storage Capacity," *Behavioral and Brain Sciences* 24, no. 1 (February 2001): 87–114, doi.org /10.1017/s0140525x01003922; Richard Schweickert and Brian Boruff, "Short-Term Memory Capacity: Magic Number or Magic Spell?," *Journal of Experimental Psychology: Learning, Memory, and Cognition* 12, no. 3 (July 1986): 419–425, doi.org/10.1037/0278 -7393.12.3.419.

11. Hal Arkowitz and Scott O. Lilienfeld, "Why Science Tells Us Not to Rely on Eyewitness Accounts," *Scientific American*, January 1, 2010, scientificamerican.com/article/do-the-eyes-have-it/.

12. Leonid Rozenblit and Frank Keil, "The Misunderstood Limits of Folk Science: An Illusion of Explanatory Depth," *Cognitive Science* 26, no. 5 (September 2002): 521–562, doi.org/10.1207 /s15516709cog2605_1.

13. "Could You Win a Point off Serena Williams? Plus, Avoiding Hen/Stag Parties, and Being Naked Results," *YouGov*, July 12, 2019, yougov.co.uk/opi/surveys/results#/survey/344ce84b-a48d-11e9

-8e40-79d1f09423a3/question/4d73bd62-a48f-11e9-aee6-6742cfe83f15/gender.

14. SellCell.com, "How Much Time on Average Do You Spend on Your Phone on a Daily Basis?," *Statista*, February 11, 2021, statista-com.remote.baruch.cuny.edu/statistics/1224510/time-spent-per-day-on-smartphone-us/.

15. eMarketer, "Time Spent per Day with Digital versus Traditional Media in the United States from 2011 to 2023 (in Minutes)," *Statista*, June 6, 2021, statista-com.remote.baruch.cuny.edu/statistics/565628/time-spent-digital-traditional-media-usa/.

16. Ann Blair, "Information Overload's 2,300-Year-Old History," *Harvard Business Review*, July 23, 2014, hbr.org/2011/03/information-overloads-2300-yea.html.

17. Donald A. Norman, *Emotional Design: Why We Love (or Hate) Everyday Things* (New York: Basic Books, 2005).

18. Peter Just, "Time and Leisure in the Elaboration of Culture," *Journal of Anthropological Research* 36, no. 1 (1980): 105–115, jstor.org/stable/3629555; "How Many Emails Does the Average Person Receive per Day?," *Campaign Monitor*, December 8, 2021, campaignmonitor.com/resources/knowledge-base/how-many-emails-does-the-average-person-receive-per-day/; Artyom Dogtiev, "Push Notifications Statistics," *Business of Apps*, January 16, 2023, businessofapps.com/marketplace/push-notifications/research/push-notifications-statistics/.

19. Philipp Lorenz-Spreen et al. "Accelerating Dynamics of Collective Attention," *Nature Communications* 10, no. 1 (April 15, 2019), doi.org/10.1038/s41467-019-09311-w.

20. Jon Gitlin, "74% of People Are Tired of Social Media Ads—but They're Effective," *SurveyMonkey*, 2022, surveymonkey.com/curiosity/74-of-people-are-tired-of-social-media-ads-but-theyre-effective/; eMarketer, "Most Annoying Types of Digital Ads according to Internet Users in the United States as of July 2019," *Statista*, August 23, 2019, statista-com.remote.baruch.cuny.edu/statistics/257972/most-annoying-types-of-online-ads-in-the-us/.

21. Kara Pernice, "Banner Blindness Revisited: Users Dodge Ads on Mobile and Desktop," *Nielsen Norman Group*, April 22, 2018, nngroup.com/articles/banner-blindness-old-and-new-findings/.

第11章

1. Elizabeth P. Derryberry et al. "Singing in a Silent Spring: Birds Respond to a Half-Century Soundscape Reversion during the COVID-19 Shutdown," *Science* 370, no. 6516 (September 30, 2020): 575–579, doi.org/10.1126/science.abd5777.

2. Adam L. Alter and Daniel M. Oppenheimer, "Predicting Short-Term Stock Fluctuations by Using Processing Fluency," *Proceedings of the National Academy of Sciences of the United States of America* 103, no. 24 (2006): 9369–9372, jstor.org/stable/30051949.

3. Simon M. Laham, Peter Koval, and Adam L. Alter, "The Name-Pronunciation Effect: Why People Like Mr. Smith More Than Mr. Colquhoun," *Journal of Experimental Social Psychology* 48, no. 3 (May 2012): 752–756, doi.org/10.1016/j.jesp.2011.12.002.

4. Rolf Reber, Piotr Winkielman, and Norbert Schwarz, "Effects of Perceptual Fluency on Affective Judgments," *Psychological Science* 9, no. 1 (1998): 45–48, doi.org/10.1111/1467-9280.00008.

5. Michael Ventura, *Applied Empathy: The New Language of Leadership* (New York: Atria, 2018).

6. Phil Gibbs, "What Is Occam's Razor?," UC Riverside Department of Mathematics, 1997, math.ucr.edu/home/baez/physics/General/occam.html.

7. Jura Koncius, "The Tidying Tide: Marie Kondo Effect Hits Sock Drawers and Consignment Stores," *Washington Post*, January 15, 2019, washingtonpost.com/lifestyle/home/the-tidying-tide-marie-kondo-effect-hits-sock-drawers-and-consignment-stores/2019/01/10/234e0b62-1378-11e9-803c-4ef28312c8b9_story.html.

8. Dieter Rams, "The Power of Good Design," Vitsoe, accessed April 13, 2023, vitsoe.com/us/about/good-design.

9. Cyriaque Lamar, "The 22 Rules of Storytelling, according to Pixar," *Gizmodo*, June 8, 2012, gizmodo.com/the-22-rules-of-storytelling-according-to-pixar-5916970.

10. Daniel B. Schneider, "F.Y.I.," *New York Times*, September 22, 1996, nytimes.com/1996/09/22/nyregion/fyi-419478.html.

11. Corey Kilgannon, "Decoding Parking-Sign Legalese," *New York Times*, January 17, 1999, nytimes.com/1999/01/17/nyregion/neighborhood-report-upper-east-side-decoding-parking-sign-legalese.html.

12. "Time Media Kit," *Time*, 2023, time.com/mediakit/.

13. Seb Joseph and Ronan Shields, "The Rundown: Google, Meta and Amazon Are on Track to Absorb More Than 50% of All Ad Money in 2022," *Digiday*, February 7, 2022, digiday.com/marketing/the-rundown-google-meta-and-amazon-are-on-track-to-absorb-more-than-50-of-all-ad-money-in-2022/.

14. Garson O'Toole, "One-Half the Money I Spend for Advertising Is Wasted, but I Have Never Been Able to Decide Which Half," *Quote Investigator*, April 30, 2022, quoteinvestigator.com/2022/04/11/advertising/.

15. Madeline King and Daniel Alonso, "As the Pandemic Makes Life More Complex, People Crave Simpler Brands," *Siegel+Gale*, December 15, 2021, siegelgale.com/as-the-pandemic-makes-life-more-complex-people-crave-simpler-brands/.

16. Cheri H. Ahern et al., *Youth Tobacco Surveillance—United States, 1998–1999* (Atlanta, GA: Centers for Disease Control and Prevention, October 13, 2000), cdc.gov/mmwr/preview/mmwrhtml/ss4910a1.htm; "Tobacco Use among Children and Teens," *American Lung Association*, November 17, 2022, lung.org/quit-smoking/smoking-facts/tobacco-use-among-children.

17. Matthew C. Farrelly et al. "Getting to the Truth: Evaluating National Tobacco Countermarketing Campaigns," *American Journal of Public Health* 92, no. 6 (June 2002): 901–907, doi.org/10.2105/ajph.92.6.901; "Youth and Tobacco Use," Centers for Disease Control and Prevention, November 10, 2022, cdc.gov/tobacco/data_statistics/fact_sheets/youth_data/tobacco_use/index.htm.

第三章

1. United States Office of Strategic Services, *Simple Sabotage Field Manual* (Washington, DC: Office of Strategic Services, 1944), gutenberg.org/cache/epub/26184/pg26184-images.html.

2. "Complexity Bias: Why We Prefer Complicated to Simple," *Farnam Street* (blog), June 6, 2020, fs.blog/complexity-bias/.

3. Hilary H. Farris and Russell Revlin, "Sensible Reasoning in Two Tasks: Rule Discovery and Hypothesis Evaluation," *Memory & Cognition* 17, no. 2 (March 1989): 221–232, doi.org/10.3758/bf03197071.

4. Leidy Klotz, *Subtract: The Untapped Science of Less* (New York: Flatiron Books, 2021).

5. "Terms of Service; Didn't Read," accessed April 13, 2023, tosdr.org/.

6. "Visualizing the Length of the Fine Print, for 14 Popular Apps," *Business Insider*, April 18, 2020, markets.businessinsider.com/news/stocks/terms-of-service-visualizing-the-length-of-internet-agreements-1029104238.

7. George Orwell, "Politics and the English Language," Orwell Foundation, originally published in *Horizon* April 1946, accessed April 13, 2023, orwellfoundation.com/the-orwell-foundation/orwell/essays-and-other-works/politics-and-the-english-language/.

8. Hun-Tong Tan, Elaine Ying Wang, and G-Song Yoo, "Who Likes Jargon? The Joint Effect of Jargon Type and Industry Knowledge on Investors' Judgments," *Journal of Accounting and Economics* 67, no. 2–3 (2019): 416–437, doi.org/10.1016/j.jacceco.2019.03.001.

9. Lokman I. Meho, "The Rise and Rise of Citation Analysis," *Physics World* 20, no. 1 (2007): 32–36, doi.org/10.1088/2058-7058/20/1/33.

10. Adam Conner-Simons, "How Three MIT Students Fooled the World of Scientific Journals," *MIT News*, Massachusetts Institute of Technology, April 14, 2015, news.mit.edu/2015/how-three-mit-students-fooled-scientific-journals-0414; Matan Shelomi, "Opinion: Using Pokémon to Detect Scientific Misinformation," *Scientist*, November 1, 2020, the-scientist.com/critic-at-large/opinion-using-pokmon-to-detect-scientific-misinformation-68098.

11. John Scalzi, "Teching the Tech," *Whatever: Furiously Reasonable*, October 13, 2009, whatever.scalzi.com/2009/10/13/teching-the-tech/.

12. Edward Tufte, "PowerPoint Does Rocket Science—and Better Techniques for Technical Reports," Edward Tufte Forum, 2006, edwardtufte.com/bboard/q-and-a-fetch-msg?msg_id=0001yB.

13. Dale Wilson, "Failure to Communicate," *Flight Safety Foundation*, October 20, 2016, flightsafety.org/asw-article/failure-to-communicate/; Joint Commission International, *Communicating Clearly and Effectively to Patients: How to Overcome Common Communication Challenges in Health Care*, 2018, store.jointcommissioninternational.org/assets/3/7/jci-wp-communicating-clearly-final_(1).pdf.

14. Tren Griffin, *Charlie Munger: The Complete Investor* (New York: Columbia University Press, 2015), 52.

15. Noel Tichy and Ram Charan, "Speed, Simplicity, Self-Confidence: An Interview with Jack Welch," *Harvard Business Review*, March 3, 2020, hbr.org/1989/09/speed-simplicity-self-confidence-an-interview-with-jack-welch.

16. Byoung-Hyoun Hwang and Hugh Hoikwang Kim, "It Pays to Write Well," *Journal of Financial Economics* 124, no. 2 (May 2017): 373–394, doi.org/10.1016/j.jfineco.2017.01.006.

第四章

1. Paul Dickson, "Sputnik's Impact on America," PBS, November 6, 2007, pbs.org/wgbh/nova/article/sputnik-impact-on-america/.

2. Allie Hutchison, "50 Years Ago, One Speech Revolutionized the Space Age and Took Us to the Moon," *Inverse*, September 12, 2022, inverse.com/science/50-years-ago-one-speech-revolutionized-the-space-age-took-us-to-the-moon.

3. John F. Kennedy, "Address at Rice University on the Nation's Space Effort," September 12, 1962, Rice University, transcript and video, JFK Library, jfklibrary.org/learn/about-jfk/historic-speeches/address-at-rice-university-on-the-nations-space-effort.

4. Clayton M. Christensen, Scott Cook, and Taddy Hall, "What Customers Want from Your Products," *Working Knowledge*, Harvard Business School, January 16, 2006, hbswk.hbs.edu/item/what-customers-want-from-your-products.

5. American Heart Association, "How Much Sugar Is Too Much?," American Heart Association, June 2, 2022, heart.org/en/healthy-living/healthy-eating/eat-smart/sugar/how-much-sugar-is-too-much.

6. Eleni Mantzari et al. "Public Support for Policies to Improve Population and Planetary Health: A Population-Based Online Experiment Assessing Impact of Communicating Evidence of Multiple versus Single Benefits," *Social Science & Medicine* 296 (March 2022): 114726, doi.org/10.1016/j.socscimed.2022.114726.

7. A. H. Maslow, "A Theory of Human Motivation," *Psychological Review* 50, no. 4 (1943): 370–396, doi.org/10.1037/h0054346.

8. "Black+Decker 20v Max* PowerConnect Cordless Drill/Driver + 30 pc. Kit (LD120VA)," Amazon, accessed March 16, 2023, amazon.com/decker-ld120va-20-volt-lithium-accessories/dp/b006v6yapi?th=1#:~:text=product%20description-,the,-black%2bdecker%2020v.

第五章

1. Mary Shelley, *Frankenstein; or, the Modern Prometheus* (London, UK, 1818; Project Gutenberg, 2022), chap. 5, gutenberg.org/cache/epub/84/pg84-images.html.

2. Jason M. Watson and David L. Strayer, "Supertaskers: Profiles in Extraordinary Multitasking Ability," *Psychonomic Bulletin & Review* 17, no. 4 (August 2010): 479–485, doi.org/10.3758/pbr.17.4.479.

3. Brian Mullen, Craig Johnson, and Eduardo Salas, "Productivity Loss in Brainstorming Groups: A Meta-Analytic Integration," *Basic and Applied Social Psychology* 12, no. 1 (March 1991): 3–23, doi.org/10.1207/s15324834basp1201_1; Tomas Chamorro-Premuzic, "Why Group Brainstorming Is a Waste of Time," *Harvard Business Review*, March 25, 2015, hbr.org/2015/03/why-group-brainstorming-is-a-waste-of-time.

4. David Ogilvy, *Ogilvy on Advertising* (New York: Vintage Books, 1985).

5. Bruce Springsteen, *Born to Run* (New York: Simon & Schuster, 2016).

6. Leidy Klotz, *Subtract: The Untapped Science of Less* (New York: Flatiron Books, 2021).

7. "Rumor Has It . . . Office Politics Exist," Robert Half Talent Solutions, June 29, 2016, press.roberthalf.com/2016-06-29-Rumor-Has-It-Office-Politics-Exist.

8. Rory Sutherland, *Alchemy: The Dark Art and Curious Science of Creating Magic in Brands, Business, and Life* (New York: HarperCollins, 2019).

9. Neil Patel, "Your Secret Mental Weapon: 'Don't Let the Perfect Be the Enemy of the Good,'" *Entrepreneur*, August 31, 2015, entrepreneur.com/living/your-secret-mental-weapon-dont-let-the-perfect-be-the/249676.

10. "Origins and Construction of the Eiffel Tower," La Tour Eiffel Paris, accessed January 4, 2022, toureiffel.paris/en/the-monument/history.

第六章

1. Trip Gabriel, "'Oh, Jane, See How Popular We Are,'" *New York Times*, October 3, 1996, nytimes.com/1996/10/03/garden/oh-jane-see-how-popular-we-are.html.

2. "Dr. Seuss: The Story behind 'The Cat in the Hat,'" Biography, June 4, 2020, biography.com/news/story-behind-dr-seuss-cat-in-the-hat.

3. "The Cat in the Hat," Dr. Seuss Wiki, February 2, 2023, seuss.fandom.com/wiki/The_Cat_in_the_Hat.

4. Ellis Conklin, "Theodor Geisel, Dr. Seuss Doing in Dick and Jane," United Press International, September 14, 1986, upi.com/Archives/1986/09/14/Theodor-Geisel-Dr-Seuss-Doing-in-Dick-and-Jane/6252527054400/.

5. Bernard Marius 't Hart et al. "Attention in Natural Scenes: Contrast Affects Rapid Visual Processing and Fixations Alike," *Philosophical Transactions of the Royal Society B: Biological Sciences* 368, no. 1628 (October 19, 2013): 20130067, doi.org/10.1098/rstb.2013.0067; Douglas S. Brungart, "Informational and Energetic Masking Effects in the Perception of Two Simultaneous Talkers," *Journal of the Acoustical Society of America* 109, no. 3 (March 2001): 1101–1109, doi.org/10.1121/1.1345696.

6. Rolf Reber, Piotr Winkielman, and Norbert Schwarz, "Effects of Perceptual Fluency on Affective Judgments," *Psychological Science* 9, no. 1 (May 6, 1998): 45–48, doi.org/10.1111/1467-9280.00008; Nathan Novemsky et al. "Preference Fluency in Choice," *Journal of Marketing Research* 44, no. 3 (October 16, 2007): 347–356, doi.org/10.1509/jmkr.44.3.347.

7. Henry Jaglom, *The Movie Business Book* (New York: Simon & Schuster, 1992).

8. Robert B. Cialdini, *Influence: The Psychology of Persuasion* (New York: Collins, 2007).

9. [Cicero], *Rhetorica ad Herennium*, book IV, 47–69 (Cambridge, MA, 1954; University of Chicago, accessed April 13, 2023), penelope.uchicago.edu/Thayer/E/Roman/Texts/Rhetorica_ad_Herennium/4C*.html.

10. Lassi A. Liikkanen et al. "Time Constraints in Design Idea Generation," (lecture, 17th International Conference on Engineering Design, Palo Alto, CA, August 2009).

11. Elise Harris, "Pope Tells Priests to Keep Homilies Brief: 'No More Than 10 Minutes!'" *Catholic News Agency*, February 7, 2018, catholicnewsagency.com/news/37706/pope-tells-priests-to-keep-homilies-brief-no-more-than-10-minutes.

12. Fatnick, "The Mysterious Legacy of the SNES Soundchip," Fatnick Industries, August 19, 2016, mechafatnick.co.uk/2016/08/19/the-mysterious-legacy-of-the-snes-soundchip/.

13. Lorraine Boissoneault, "A Brief History of the GIF, from Early Internet Innovation to Ubiquitous Relic," *Smithsonian*, June 2, 2017, smithsonianmag.com/history/brief-history-gif-early-internet-innovation-ubiquitous-relic-180963543/.

第七章

1. Eytan Bakshy, Solomon Messing, and Lada A. Adamic, "Exposure to Ideologically Diverse News and Opinion on Facebook," *Science* 348, no. 6239 (May 2015): 1130–1132, doi.org/10.1126/science.aaa1160.

2. Cameron J. Bunker and Michael E. W. Varnum, "How Strong Is the Association between Social Media Use and False Consensus?," *Computers in Human Behavior* 125 (December 2021): 106947, doi.org/10.1016/j.chb.2021.106947.

3. Lee Ross, David Greene, and Pamela House, "The 'False Consensus Effect': An Egocentric Bias in Social Perception and Attribution Processes," *Journal of Experimental Social Psychology* 13, no. 3 (May 1977): 279–301, doi.org/10.1016/0022-1031(77)90049-x.

4. Ross, Greene, and House, "The 'False Consensus Effect.'"

5. Roseanna Sommers and Vanessa K. Bohns, "The Voluntariness of Voluntary Consent: Consent Searches and the Psychology of Compliance," *Yale Law Journal* 128, no. 7 (April 10, 2019): 1962–2033, ssrn.com/abstract=3369844.

6. *Women in the Workplace 2021*, McKinsey & Company and Lean In, womenintheworkplace.com/2021; Kiara Taylor, "America's Top Black CEOs," *Investopedia*, June 25, 2022, investopedia.com/top-black-ceos-5220330.

7. "Glassdoor's Diversity and Inclusion Workplace Survey," *Glassdoor*, September 29, 2020, glassdoor.com/blog/glassdoors-diversity-and-inclusion-workplace-survey/.

8. Sylvia Ann Hewlett, Melinda Marshall, and Laura Sherbin, "How Diversity Can Drive Innovation," *Harvard Business Review*, August 1, 2014, hbr.org/2013/12/how-diversity-can-drive-innovation.

9. Gallup, "How Does Gallup Polling Work?," Gallup, October 20, 2014, news.gallup.com/poll/101872/how-does-gallup-polling-work.aspx.

10. Paul Graham, "What I've Learned from Users," *Paul Graham* (blog) September 2022, paulgraham.com/users.html.

11. Teresa M. Amabile and Mukti Khaire, "Creativity and the Role of the Leader," *Harvard Business Review*, October 2008, hbr.org/2008/10/creativity-and-the-role-of-the-leader; Gino Cattani and Simone Ferriani, "How Outsiders Become Game Changers," *Harvard Business Review*, August 5, 2021, hbr.org/2021/08/how-outsiders-become-game-changers.

12. Tom Kelley, "The Ten Faces of Innovation," IDEO, October 2005, ideo.com/post/the-ten-faces-of-innovation.

13. Ellie Violet Bramley, "Desire Paths: The Illicit Trails That Defy the Urban Planners," *Guardian*, October 5, 2018, theguardian.com/cities/2018/oct/05/desire-paths-the-illicit-trails-that-defy-the-urban-planners.

14. Richard Priday, "The Inside Story of the Great KFC Chicken Shortage of 2018," *Wired*, February 21, 2018, wired.co.uk/article/kfc-chicken-crisis-shortage-supply-chain-logistics-experts.

15. Seth Godin, "Talker's Block," *Seth's Blog*, September 23, 2011, seths.blog/2011/09/talkers-block/.

第八章

1. Alexander Burns and Maggie Haberman, "Republican Hopefuls Jockey for 2016," *Politico*, August 10, 2012, politico.com/story/2012/08/republican-hopefuls-jockey-for-2016-079541.

2. *Knock Down the House*, directed by Rachel Lears, aired May 1, 2019, on Netflix.

3. Marie Kondo, "Konmari Is Not Minimalism," KonMari, accessed February 15, 2023, konmari.com/konmari-is-not-minimalism/.

4. Daniel M. Oppenheimer, "Consequences of Erudite Vernacular Utilized Irrespective of Necessity: Problems with Using Long Words Needlessly," *Applied Cognitive Psychology* 20, no. 2 (March 2006): 139–156, doi.org/10.1002/acp.1178.

5. *Data Point: Adult Literacy in the United States* (Washington, DC: US Department of Education, July 2019); Saida Mamedova, Dinah Sparks, and Kathleen Mulveney Hoyer, *Adult Education Attainment and Assessment Scores: A Cross-National Comparison*, National Center for Education Statistics, US Department of Education, September 19, 2017, nces.ed.gov/pubsearch/pubsinfo.asp?pubid=2018007; "Highlights of PIAAC 2017 U.S. Results," National Center for Education Statistics, 2017, nces.ed.gov/surveys/piaac/national_results.asp.

6. Alex Moore, "7 Tips for Getting More Responses to Your Emails (with Data!)," *Boomerang* (blog), February 12, 2016, blog.boomerangapp.com/2016/02/7-tips-for-getting-more-responses-to-your-emails-with-data.

7. "Updates to the OED," Oxford English Dictionary, December 2022, public.oed.com/updates.

8. Amos Tversky and Daniel Kahneman, "Judgment under Uncertainty: Heuristics and Biases," *Science* 185, no. 4157 (1974): 1124–1131, jstor.org/stable/1738360.

9. Martin Gardner, "The Ultimate Turtle," *New York Review*, June 16, 1988, nybooks.com/articles/1988/06/16/the-ultimate-turtle/.

10. James Clear, "First Principles: Elon Musk on the Power of Thinking for Yourself," *James Clear* (blog), accessed February 15, 2023, jamesclear.com/first-principles.

11. Randall Munroe, *Thing Explainer: Complicated Stuff in Simple Words* (Boston: Houghton Mifflin Harcourt, 2015).

12. "What Can the Oxford English Corpus Tell Us about the English Language," Oxford Dictionaries, August 12, 2018, en.oxforddictionaries.com/explore/what-can-corpustell-us-about-language (site discontinued).

13. George Orwell, "Politics and the English Language," Orwell Foundation, originally published in *Horizon* April 1946, accessed April 13, 2023, orwellfoundation.com/the-orwell-foundation/orwell/essays-and-other-works/politics-and-the-english-language/.

14. William Strunk and E. B. White, *The Elements of Style* (New York: Macmillan, 1959), 23.

15. Benjamin Dreyer, *Dreyer's English: An Utterly Correct Guide to Clarity and Style* (New York: Random House, 2019), chap. 12.

16. Jakob Nielsen, "How Users Read on the Web," Nielsen Norman Group, September 30, 1997, nngroup.com/articles/how-users-read-on-the-web/.

17. "New Rules of Email Marketing," *Campaign Monitor*, accessed February 15, 2023, campaignmonitor.com/resources/guides/email-marketing-new-rules/.

18. "MIT Research - Brain Processing of Visual Information," *MIT News*, Massachusetts Institute of Technology, December 19, 1996, news.mit.edu/1996/visualprocessing.

19. Kara Pernice, "Text Scanning Patterns: Eyetracking Evidence," Nielsen Norman Group, August 25, 2019, nngroup.com/articles/text-scanning-patterns-eyetracking/.

20. Alex Shephard, "Axios and Donald Trump Are Made for Each Other," *New Republic*, May 2, 2017, newrepublic.com/article/142441/axios-donald-trump-made; Benjamin Mullin, "Axios Agrees to Sell Itself to Cox Enterprises for $525 Million," *New York Times*, August 8, 2022, nytimes.com/2022/08/08/business/media/axios-cox-enterprises.html.

21. "2009 MUTCD with Revisions 1, 2, and 3 Incorporated, Dated July 2022 (PDF)," Manual on Uniform Traffic Control Devices, Federal Highway Administration, US Department of Transportation, July 2022, mutcd.fhwa.dot.gov/pdfs/2009r1r2r3/pdf_index.htm.

結論

1. Matt Novak, "How Experts Think We'll Live in 2000 A.D. (1950)," *Paleofuture* (blog), January 28, 2008, paleofuture.com/blog/2008/1/28/how-experts-think-well-live-in-2000-ad-1950.html.

2. Aparna A. Labroo and Sara Kim, "The 'Instrumentality' Heuristic," *Psychological Science* 20, no. 1 (February 2009): 127–134, doi.org/10.1111/j.1467-9280.2008.02264.x.

3. Linda Tischler, "The Beauty of Simplicity," *Fast Company*, November 1, 2005, fastcompany.com/56804/beauty-simplicity.

4. "The Golden Record," Voyager, Jet Propulsion Laboratory, NASA, accessed February 15, 2023, voyager.jpl.nasa.gov/golden-record.

中英名詞翻譯對照表

人物

三至五畫

大衛・格林　David Greene
大衛・奧格威　David Ogilvy
小威廉・斯特倫克　William Strunk Jr.
小威廉絲　Serena Williams
川普　Donald Trump
丹尼・歐本海默　Daniel Oppenheimer
丹尼爾・西蒙斯　Daniel Simons
丹尼爾・康納曼　Daniel Kahneman
尤里・加加林　Yuri Gagarin
尤達　Yoda
巴奈特・考克斯　Barnett Cocks
卡塔琳・卡里科　Katalin Karikó
卡爾・薩根　Carl Sagan
史蒂芬・霍金　Stephen Hawking
尼爾・阿姆斯壯　Neil Armstrong
布萊茲・帕斯卡　Blaise Pascal
布魯斯・斯普林斯汀　Bruce Springsteen
甘迺迪總統　John F. Kennedy

六至十畫

伊莉莎白・洛夫圖斯　Elizabeth F. Loftus
伏爾泰　Voltaire
吉姆・范德黑　Jim VandeHei
吉爾伯特・基思・卻斯特頓　G. K. Chesterton
安托萬・迪・聖—修伯里　Antoine de

Saint-Exupéry
老羅斯福　Theodore Roosevelt
艾希頓・庫奇　Ashton Kutcher
艾倫・索卡爾　Alan Sokal
艾瑪・科茨　Emma Coats
西奧多・萊維特　Theodore Levitt
伯茲・艾德林　Buzz Aldrin
克里斯・查布利斯　Christopher Chabris
希伯利主教　Samuel Seabury
希拉里・法里斯　Hilary Farris
希拉蕊・柯林頓　Hillary Clinton
希奧多・蓋索　Theodor Geisel
李・羅斯　Lee Ross
阿帕娜・拉布魯　Aparna A. Labroo
阿摩司・特沃斯基　Amos Tversky
亞伯拉罕・馬斯洛　Abraham Maslow
亞倫・謝爾霍恩　Aaron Scheerhoorn
亞當・阿爾特　Adam Alter
亞歷山卓・歐加修—寇蒂茲　Alexandria Ocasio-Cortez
尚—路克・畢凱上校　Captain Jean-Luc Picard
彼得・格萊克　Peter Gleick
迪特・拉姆斯　Dieter Rams
郎諾・科頓　Ronald Cotton
保羅・葛蘭　Paul Graham
查克・貝瑞　Chuck Berry
查理・蒙格　Charlie Munger
派翠克・亨利　Patrick Henry
珍・古德　Jane Goodall

十一畫以上

喬治・米勒 George Miller
喬治・歐威爾 George Orwell
萊恩・馬修斯 Ryan Matthews
萊特兄弟 Wilbur and Orville Wright
萊戴爾・格蘭特 Lydell Grant
塞斯・古汀 Seth Godin
奧坎的威廉 William of Occam
奧森・威爾斯 Orson Welles
愛因斯坦 Albert Einstein
愛德華・塔夫特 Edward Tufte
雷迪・克羅茲 Leidy Klotz
瑪麗・雪萊 Mary Shelley
瑪麗・奧利弗 Mary Oliver
蓋瑞・約翰・畢曉普 Gary John Bishop
潘蜜拉・豪斯 Pamela House
羅伊・施瓦茨 Roy Schwartz
羅伯特・西奧迪尼 Robert Cialdini
羅利・薩瑟蘭 Rory Sutherland
羅素・雷夫林 Russell Revlin
蘇斯博士 Dr. Seuss
蘭德爾・門羅 Randall Munroe

機構和地點

大中央總站 Grand Central Terminal
大自然保護協會 Nature Conservancy
史密斯頓商學院 Smithtown School of Business
史普尼克 Sputnik
皮克斯 Pixar
百靈 Braun

波音公司　Boeing
亮視點　LensCrafters
真相倡議　Truth Initiative
紐約市立大學柏魯克學院　Baruch College
通用磨坊　General Mills
善意商店　Goodwill stores
菲利普莫里斯　Philip Morris
萊斯大學　Rice University
貴格會　Quakers
超級任天堂　Super Nintendo
瑞士再保險　Swiss Re
道明會　Dominican
漢堡王　Burger King
蓋洛普　Gallup

德州清白專案　Innocence Project of Texas
樂高　Lego
戰略情報局　Office of Strategic Services
聯邦公路管理局　Federal Highway Administration
聯邦快遞　FedEx
藍燈書屋　Random House
羅薩奧蒂卡集團　Luxottica

媒體和書刊

《天生衝刺》　*Born to Run*
《牛津英語辭典》　*Oxford English Dictionary*
《生活》　*Life*

《你是個混蛋！》 *You Are a Badass*

《別耍廢，你的人生還有救！》 *Unfu*k Yourself*

《玩具總動員》 *Toy Story*

《美國新聞與世界報導》 US News and *World Reports*

《致赫倫尼修斯的修辭學》 *Rhetorica ad Herennium*

《風格的要素》 *The Elements of Style*

《時間簡史》 *A Brief History of Time*

《國會女戰將》 *Knock Down the House*

《情感@設計》 *Emotional Design*

《清晰簡明的英文寫作指南》 *Dreyer's English*

《減法的力量》 *Subtract*

《超級瑪利歐兄弟》 *Super Mario Bros.*

《奧美傳奇廣告鬼才破框思考術》 *Alchemy*

《經濟學人》 *The Economist*

《解事者：複雜的事物我簡單說明白》 *Thing Explainer*

《道路交通管理標誌統一守則》 *Manual on Uniform Traffic Control Devices*

《管他的》 *The Subtle Art of Not Giving a F*ck*

《綠雞蛋與火腿》 *Green Eggs and Ham*

《銀河飛龍》 *Star Trek: The Next Generation*

《廣告狂人》 *Mad Men*

《學會整理，就會喜歡自己》 *The Life-Changing Magic of Tidying Up*
《戰爭與和平》 *War and Peace*
《應用同理心》 *Applied Empathy*
《戴帽子的貓》 *The Cat in the Hat*
《簡單破壞現場手冊》 *Simple Sabotage Field Manual*
《難懂的痛苦字典》 *The Dictionary of Obscure Sorrows*
《歡樂單身派對》 *Seinfeld*
「神奇數字七加減二」 The Magical Number Seven, Plus or Minus Two

其他

人物誌 persona
千層蛋糕 layer cake
工具性捷思 instrumentality heuristic
不注意視盲 inattentional blindness
可得性偏誤 availability bias
布朗克斯區 Bronx
同質性 homophily
西斯汀小堂 Sistine Chapel
帕金森定律 Parkinson's law
忽視橫幅 banner blindness
流暢性捷思 fluency heuristic
美洲獅 cougar
添加偏誤 additive bias
博斯普魯斯海峽 Bosphorus strait
斯巴達式的簡樸 spartan austerity
智慧型手機指 smartphone finger

期望線　desire line

超定位　hypertargeting

超憶症　hyperthymesia

塔馬利亞人　Tamarians

過度自信效應　overconfidence effect

齊夫定律　Zipf's law

層級　hierarchy

複雜性偏誤　complexity bias

豬玀灣　Bay of Pigs

鄧寧—克魯格效應　Dunning-Kruger effect

選擇性注意　selective attention

錯誤共識效應　false-consensus effect

Simply Put: Why Clear Messages Win —and How to Design Them
by Ben Guttmann
Copyright © 2023 by Ben Guttmann
Copyright licensed by Berrett-Koehler Publishers, through Andrew Nurnberg Associates International Limited.
Traditional Chinese edition copyright: 2024 Zhen Publishing House, a Division of Walkers Cultural Enterprise Ltd.
All rights reserved.

簡單說重點

掌握訊息傳達 5 大重點，創造無干擾的簡明文案和工作溝通

作者　班傑明．古特曼（Ben Guttmann）
譯者　龐元媛
主編　劉偉嘉
校對　魏秋綢
排版　謝宜欣
封面　萬勝安
出版　真文化／遠足文化事業股份有限公司
發行　遠足文化事業股份有限公司（讀書共和國出版集團）
地址　231 新北市新店區民權路 108 之 2 號 9 樓
電話　02-22181417
傳真　02-22181009
Email　service@bookrep.com.tw
郵撥帳號　19504465 遠足文化事業股份有限公司
客服專線　0800221029
法律顧問　華洋法律事務所　蘇文生律師
印刷　成陽印刷股份有限公司
初版　2024年7月
定價　380元
ISBN　978-626-98570-3-6

有著作權．翻印必究

歡迎團體訂購，另有優惠，請洽業務部 (02)2218-1417 分機 1124

特別聲明：有關本書中的言論內容，不代表本公司／出版集團的立場及意見，由作者自行承擔文責。

國家圖書館出版品預行編目 (CIP) 資料

簡單說重點：掌握訊息傳達 5 大重點，創造無干擾的簡明文案和工作溝通／
班傑明．古特曼（Ben Guttmann）著；龐元媛譯．
-- 初版．-- 新北市：真文化，遠足文化事業股份有限公司，2024.07
面；公分 --（認真職場；31）
譯自：Simply put : why clear messages win — and how to design them
ISBN 978-626-98570-3-6（平裝）
1. CST: 商務傳播 2. CST: 溝通技巧 3. CST: 工作簡化
494.2　　113008054